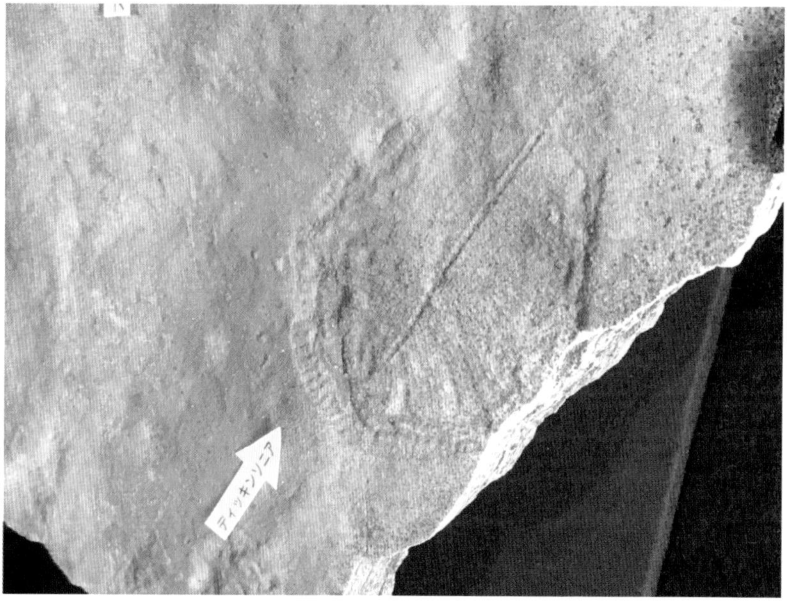

圖1：狄更遜水母（*Dickinsonia*）是斯布瑞格在澳洲發現的一種化石生物，生活在約5.5億年前的埃迪卡拉紀。牠是以斯布瑞格的上司、南澳政府採礦總監狄更遜（Ben Dickinson）的名字所命名。此生物是早期的多細胞生物，兩側的體節呈現出類似兩側對稱但稍有錯位的「滑移對稱」（glide reflection）。具推測，狄更遜水母大多數的時間都附著於海底沈積物上，牠在分類學上究竟是屬於動物、真菌、還是自成一屬，目前仍有爭議。狄更遜水母化石痕跡只會出現在砂岩層中，也就是印痕化石或鑄模化石的型式，其尺寸小則數公釐，大可至一公尺。圖中的標本長度約為三公分。（圖片攝於日本大阪自然史博物館脊椎動物特展。）

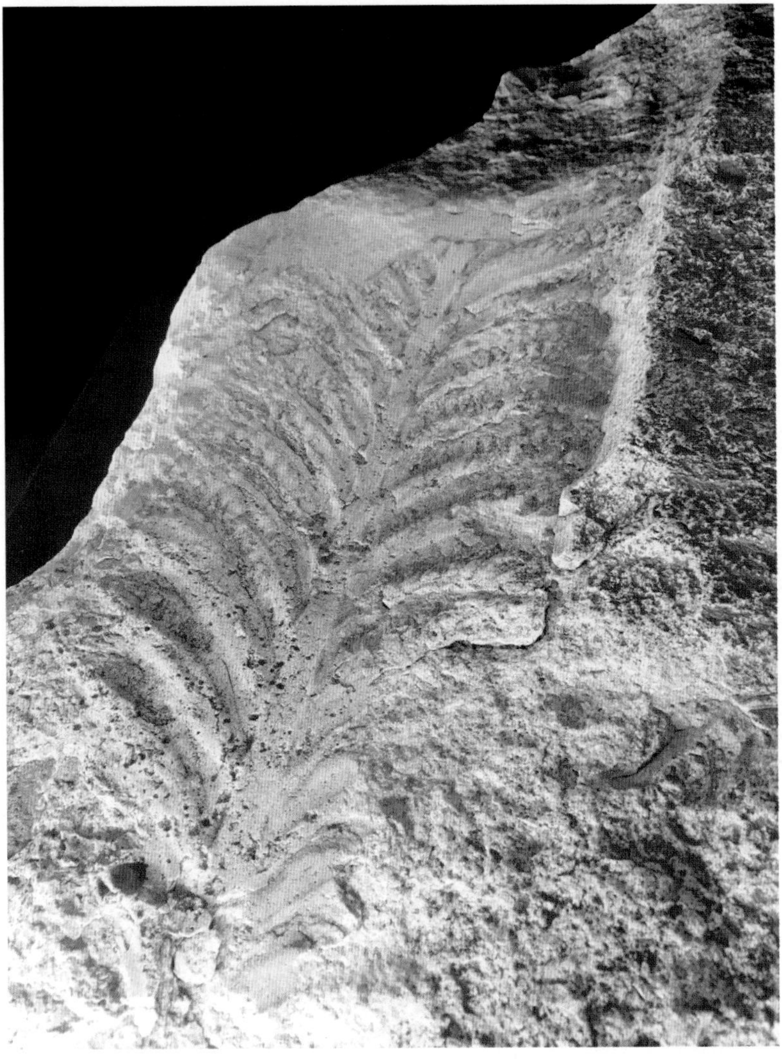

圖2：同樣來自埃迪卡拉紀的查恩盤蟲（*Charniodiscus*），這種早期的多細胞生物是根據英格蘭查恩伍德森林所命名。它的形狀看似一根連在圓盤上的羽毛，可能是在海床上固定不動的一種濾食性生物。（圖片攝於日本大阪自然史博物館脊椎動物特展。）

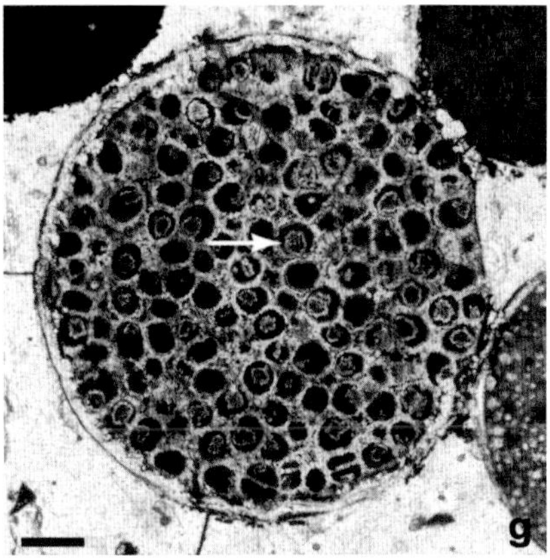

copyright © Shuhai Xiao

圖3：華南陡山沱組所發現的巨型球菌屬化石（*Megasphaera*）擁有六億年的歷史，其中可以見到許多聚集的球狀細胞，它是早期的多細胞生物之一。白色箭頭指出了類似細胞核的結構。左下角比例尺為 100 μm。（圖片由美國維吉尼亞理工學院的中國古生物學家肖書海提供。）

copyright © A. El Albani

圖4：來自非洲西部加蓬的佛朗席維爾古生物化石具有 21 億年的歷史，是目前已知最早的多細胞生物。（圖片由法國普瓦捷大學的地質學家阿爾巴尼（A. El Albani）提供。）

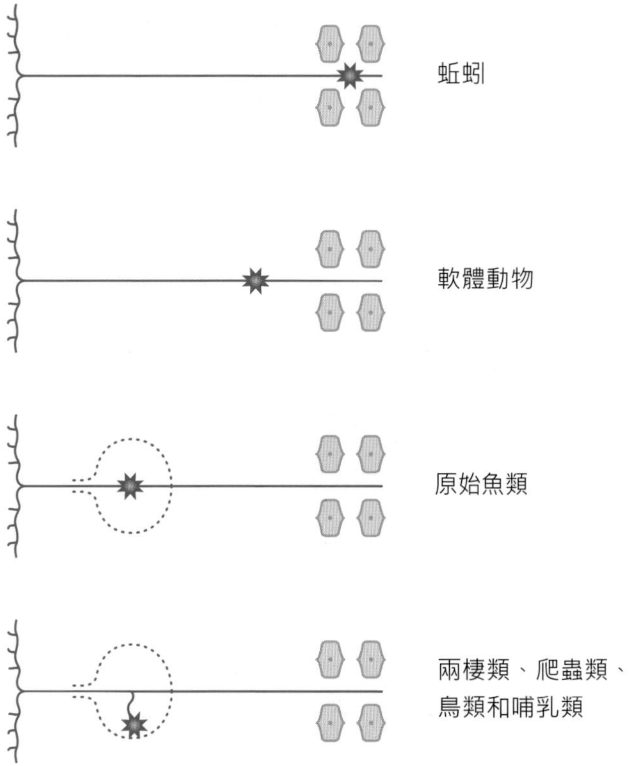

圖 5：蚯蚓（earthworm）的主要感覺神經細胞（藍色細胞）坐落在表皮細胞（黃色細胞）之中。軟體動物（mollusk）的主要感覺神經細胞則已經潛入表皮細胞之下。原始魚類的主要感覺神經細胞（兩極細胞）已經躲入背根神經節之中，而且靠近脊隨。高等脊椎動物（如兩棲類、爬蟲類、鳥類和哺乳類）的背根神經節細胞（偽單極細胞）不但躲入背根神經節，而且還聚集緊貼在脊椎骨旁。

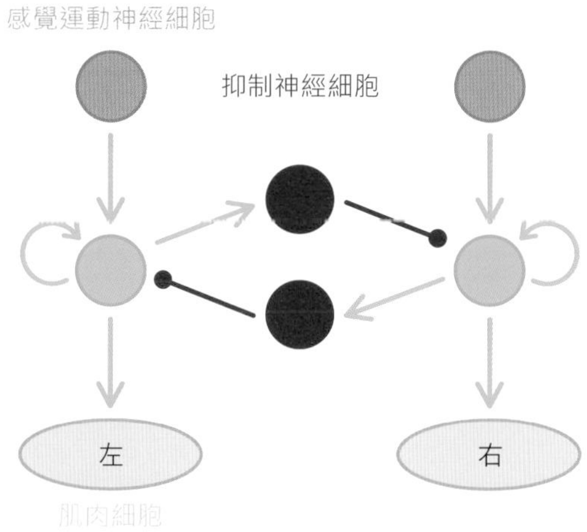

圖6：藍色細胞為「感覺運動神經細胞」，綠色細胞為「中間神經細胞」，紅色細胞為「抑制神經細胞」，黃色細胞是肌肉細胞。綠色箭頭顯示出神經細胞之間的「興奮型」連結，紅色線段顯示出「抑制型」連結。當左側感覺運動神經細胞刺激中間神經細胞時，中間神經細胞可以一直不斷自我刺激，然後讓左側肌肉細胞持續收縮。這種「在外界刺激消失後仍能持續做出反應」的能力就是短期記憶的原型，只需要兩個神經細胞就能做到。至於決策行為，也只需要圖中的六個神經細胞就能做到。比方說，當左側的藍色感覺運動神經細胞發出訊號後，會刺激綠色的中間神經細胞，接下來它會同時進行兩件事，第一，是刺激左側的黃色肌肉細胞產生收縮，第二，是刺激中央紅色的「抑制神經細胞」來抑制右側的迴路。透過這個機制，該迴路就能作出簡單的「決策」，例如當兩側感覺運動細胞的刺激一大一小時，就只有刺激較大一側的肌肉會收縮。當兩側的感覺運動細胞同時輸出大小相同的刺激時，中央的兩個「抑制神經細胞」會同時活躍，並同時抑制兩側綠色的「中間神經細胞」，結果就是沒有任何肌肉會收縮。這種簡單的決策可以讓能量的運用較有效率。

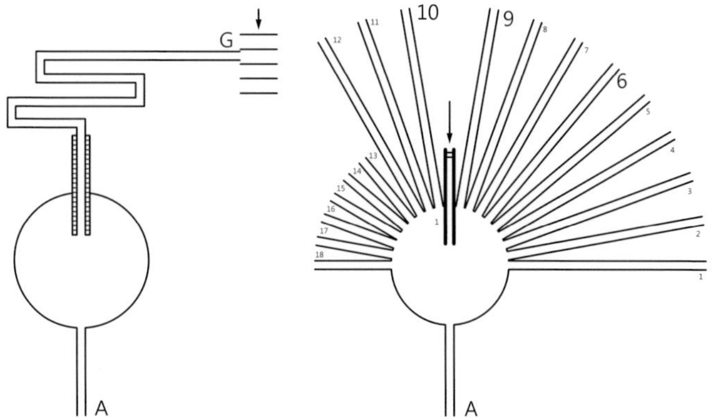

圖 7：托爾曼讓老鼠在左圖的迷宮中學會由 A 走到 G，接著他把老鼠放入右圖迷宮中，並封閉牠們熟悉的垂直往前道路。結果老鼠並不會選擇走緊鄰於熟悉之路兩旁的道路（9 和 10 號道路），而是只接選擇 6 號道路。托爾曼因此認為，老鼠應該不是依靠路標在找路，而是透過腦中的空間地圖來判別應該行進的正確方位。（圖片重製自：Tolman B.F. et al. (1946) Studies in spatial learning. I. Orientation and shirt-cut. J exp Psychol 36, p.17.）

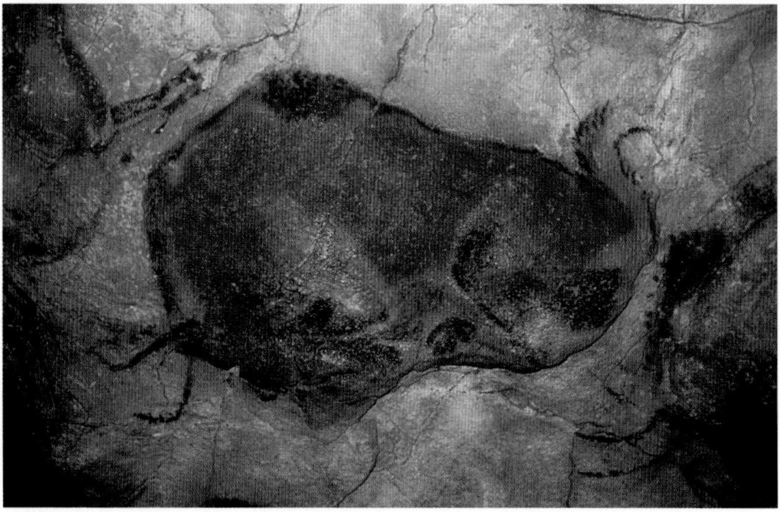

圖 8：阿爾塔米亞洞窟中的野牛壁畫。

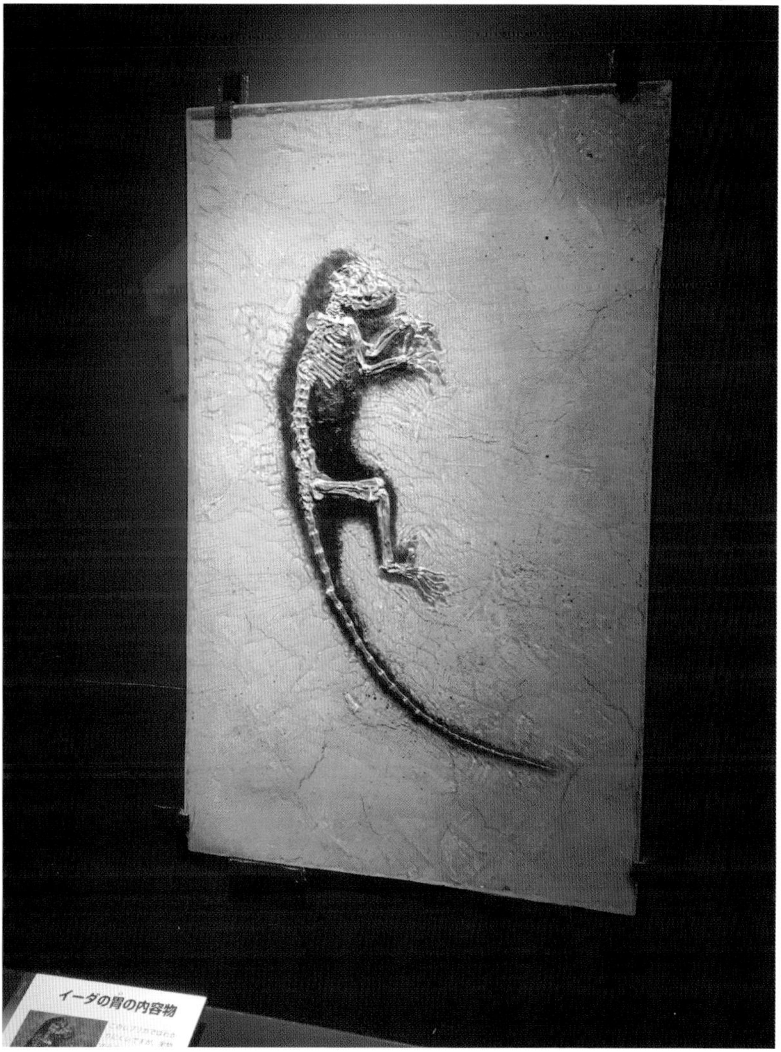

圖 9：2009 年首度公開亮相就名震天下的達爾文猴化石「伊達」（Ida）。達爾文猴（*Darwinius Masillae*）可能是由哺乳類演化成靈長類的關鍵生物。牠的外型類似狐猴，身長約 58 公分，其中尾巴就佔了約 34 公分。（攝於日本大阪自然史博物館脊椎動物特展，全世界僅此一塊化石，現保存於奧斯陸大學國家歷史博物館。）

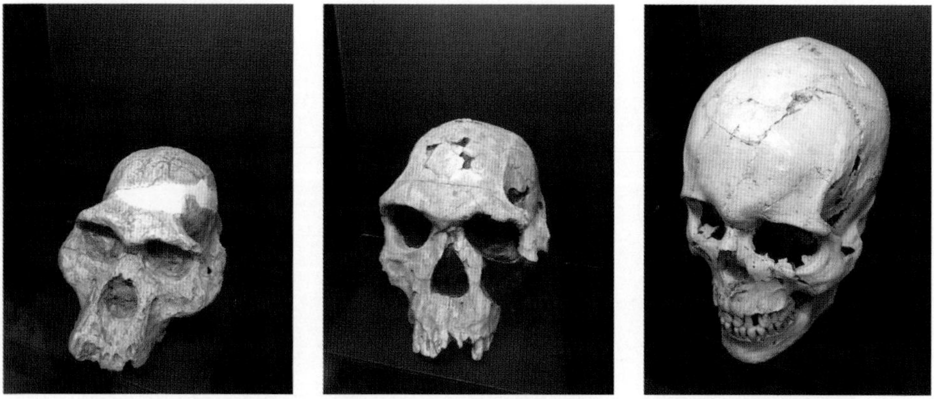

圖 10：最左側是非洲南方古猿（*Australopithecus africanus*）的頭骨，南方古猿生存於 200 ～ 300 萬年前，是早期人科中已滅絕的一屬，腦容量只有 400 ～ 500 毫升。中央是能人（*Homo Habilis*）的頭骨，能人是人科人屬中的一種，生存於約 180 萬年前，腦容量約有 680 毫升。最右側是現代智人（*Homo sapiens*）的頭骨，腦容量約 1400 毫升。（圖片攝於日本大阪自然史博物館脊椎動物特展。）

貓頭鷹書房

有些書套著嚴肅的學術外衣，但內容平易近人，非常好讀；有些書討論近乎冷僻的主題，其實意蘊深遠，充滿閱讀的樂趣；還有些書大家時時掛在嘴邊，但我們卻從未看過……

如果沒有人推薦、提醒、出版，這些散發著智慧光芒的傑作，就會在我們的生命中錯失——因此我們有了**貓頭鷹書房**，作為這些書安身立命的家，也作為我們智性活動的主題樂園。

貓頭鷹書房——智者在此垂釣

貓頭鷹書房 251

大腦簡史

生物經過四十億年的演化，大腦是否已經超脫自私基因的掌控？

謝伯讓◎著

貓頭鷹

貓頭鷹書房 251　ISBN 978-986-262-301-5

大腦簡史：生物經過四十億年的演化，大腦是否已經超脫自私基因的掌控？

作　　者　謝伯讓
企　　畫　陳穎青
責任編輯　周宏瑋
協力編輯　許婉真
校　　訂　魏秋綢　周宏瑋
封面設計　黃伍陸
版面構成　張靜怡
總 編 輯　謝宜英
行銷業務　林智萱　張庭華
出 版 者　貓頭鷹出版
發 行 人　涂玉雲
發　　行　英屬蓋曼群島商家庭傳媒股份有限公司城邦分公司
104 台北市中山區民生東路二段 141 號 11 樓
畫撥帳號：19863813；戶名：書虫股份有限公司
城邦讀書花園：www.cite.com.tw　購書服務信箱：service@readingclub.com.tw
購書服務專線：02-2500-7718~9（周一至周五上午 09:30-12:00；下午 13:30-17:00）
24 小時傳真專線：02-2500-1990；25001991
香港發行所　城邦（香港）出版集團／電話：852-2508-6231 ／傳真：852-2578-9337
馬新發行所　城邦（馬新）出版集團／電話：603-9057-8822 ／傳真：603-9057-6622
印 製 廠　成陽印刷股份有限公司
初　　版　2016 年 8 月

定　　價　新台幣 399 元／港幣 133 元

讀者服務信箱　owl@cph.com.tw
貓頭鷹知識網　http://www.owls.tw
歡迎上網訂購

城邦讀書花園
www.cite.com.tw

國家圖書館出版品預行編目資料

大腦簡史：生物經過四十億年的演化，大腦是否已經超脫自私基因的掌控？／謝伯讓著．-- 初版．-- 臺北市：貓頭鷹出版：家庭傳媒城邦分公司發行，2016.08
面；　公分．
ISBN 978-986-262-301-5（平裝）

1. 腦部　2. 演化論

394.911　　105012992

■推薦序

「自私的大腦」如何戰勝「自私的基因」

焦傳金／清華大學系統神經科學研究所所長

任何曾讀過劍橋大學物理學家史蒂芬・霍金（Stephen Hawking）所撰寫《時間簡史》的人都知道，這是一本講述關於宇宙起源和命運的暢銷科普書籍，他用一般大眾可以了解的詞句和概念，來介紹天文物理學的重要議題，包括黑洞和大爆炸等。同樣的，杜克－新加坡國立大學認知科學家謝伯讓所撰寫的《大腦簡史》也用輕鬆詼諧的筆調，來介紹腦科學中的許多重要觀念，包括大腦的演化、意識的產生等。若是你想知道自己的大腦是如何演化而來，本書提供了許多線索與資訊，若是你更想知道自己的大腦未來會變成什麼樣子，作者也提供了許多合理的猜測，這本書將改變你對大腦的看法。

演化生物學家費奧多西・多布然斯基（Theodosius Dobzhansky）曾經說：「缺少演化的洞見，生物學將失去其意義（Nothing in biology makes sense except in the light of evolution）。」神經生物學家戈登・謝潑德（Gordon Shepherd）也曾說：「缺少行為的洞見，神經生物學將失去其意義（Nothing in neurobiology makes sense except in the light of behavior）。」本書巧妙的利用演化生物學的概念來解釋神經系統的改變過程，從細胞行為到個體行為，再到群體行為，我相信任何對神經生物學及演化生物學有興趣的人，都能在本書中得到許多啟發。

今年剛好是英國演化生物學家理查・道金斯（Richard Dawkins）的生物學科普巨著《自私的基因》出版四十周年紀念，許多人都在討論這本書對生命科學所產生的影響。之所以這本書會成為當代生物學家必讀的經典書籍，就誠如作者所述，道金斯指出了一個演化的核心概念，那就是「在演化的過程中，互相競爭的主角雖然看起來是一個個獨立的生物個體，但是真正的演化單位，其實應該是基因。生物個體雖然看似演化的主角，但是小從單細胞生物的細胞本體、大至多細胞生物的軀體，都只是基因所創造出的一種載體、工具、武器或是生存機器而已。它們的功能，就只是用來保護基因、幫助基因移動繁衍、並藉此來增強基因的競爭力」。如果你認為道金斯用擬人化的方式來描寫基因很酷，那你一定會對作者用邪惡帝國來描述神經系統很有感，若是基因可以是自私的，那大腦也可以是自私的，在演化巨輪的推演下，動物神經系統的演化就變成了窮兵黷武的競賽。

就在你覺得大腦無論再厲害仍是自私基因的傀儡時，作者提出了意識的概念來為自私的大腦解套。雖然意識到底如何產生仍是眾說紛紜，人類有無自由意志也還在持續爭辯，但不可否認的，意識是由神經活動所產生的突現現象（emergent property），因此若是自私的大腦演化出意識與自由意志，那自私的基因恐怕就不能在演化的過程中主導一切了，所以作者認為，大腦經過四十億年的演化，的確是有可能已經超脫自私基因的掌控。

在最終章，作者帶我們進入一個類似由哲學家希拉里．普特南（Hilary Putnam）在

《理性、真理和歷史》一書中提出的「缸中之腦」的思想實驗，若是我們有一天可以「上傳意識」，那是否大腦就可從此跳脫生存繁衍的輪迴宿命呢？當那一天來臨時，是否生命就結束了？生命的開始或許是宇宙中的一個偶然，但生命的終止是否就是演化的宿命！

一本好書不但可以解答你心中的疑惑，還可以讓你產生更多的疑惑，透過自己的想像力，這本書開啟了無限的可能。

推薦短語（按照姓氏筆畫序）

一九九〇年，美國啟動「大腦的十年」，向大眾宣傳腦科學，將解開大腦之謎視為科學的終極目標。現在第三個「大腦的十年」已接近尾聲，大腦科學家謝伯讓不僅在研究前線為我們報導最新的進展，還提出了一套關於大腦演化的理論。因此本書是一家之言，而不只是科學新知。

大腦太複雜、研究路數太多，謝伯讓的一家之言，猶如穿透渾沌的一道光，讓一些重要的事實與思路現形，認真的大腦解謎者非面對不可。

——王道還／生物人類學者

本書是從演化生物學觀點闡述神經生物學，涵蓋層面從基因、細胞到個體。適合已具基本生命科學知識與概念的讀者。一般而言，科普書多半闡述已有定論的科學發現，但本書作者針對書中的論點，引述許多最新的科學發現，帶領讀者，了解腦科學的研究方法與最新進展。作者對於人類大腦的演化，提出一些有趣但仍具爭議性的論點，勢將帶動在腦科學這個生命科學最後一個未知領域的多元角度討論。

——高閬仙／陽明大學副校長兼生命科學系暨基因體研究所教授

具名推薦

胡台麗／中央研究院民族學研究所研究員

洪裕宏／陽明大學心智哲學研究所教授

徐百川／博士、中央研究院生物醫學研究所研究員

曾志朗／中央研究院院士

謝世忠／台灣大學人類系教授

致謝

這本書的誕生，最要感謝貓頭鷹出版社前社長「老貓」陳穎青。二〇一四年底，我在網路上發表了一篇關於松果體和笛卡兒的文章，隨後便收到來自老貓大的一封訊息。他希望我能針對人類大腦不同的功能，然後以演化的觀點來介紹各個不同腦區的演變歷史。

一封簡單的訊息，就這樣在我的腦中植入了一顆種子，經過數個月的蟄伏、醞釀以及後續的討論，明確的故事與想法終於在二〇一六年初逐漸成型。在成書的草稿時期，老貓不時為此書調整方向、更改結構以及注入養分，並在草稿出現分支時幫忙修剪、在遇到了阻礙幫忙除障、在失去方向時點起明燈，因此老貓不但可以說是本書的播種者，更可以說是這本書的催生者以及培育者，在此特別由衷感激。

此外，還要特別感謝熟悉生物演化、敢於直言的顏聖紘教授，還有飽覽群書、博學多聞的生物演化專家黃貞祥教授，熟悉哲學與倫理學的周偉航教授（人渣文本），以及對心理學、哲學和生物學都有深刻掌握的意見領袖劉敬文（妖西），由於他們願意對這本書提出自己的獨到見解與評論，讀者們才有眼福可以在書末見到諸方不同的多元想法。同時還要感謝神經科學家焦傳金、認知心理學家曾志朗、生物人類學家王道還、民族學家胡台麗、人類學家謝世忠、哲學家洪裕宏、生物學家徐百川、和分子神經科學家高閬仙等人的推薦。

另外，哲學雞蛋糕老闆朱家安，哲學家王一奇，和我在杜克－新加坡大學醫學院的同事孫俊祥（Chun Siong Soon）、吳世煥（Sei Hwan Oh），以及學生陳渝芳（Joo Huang Tan）、洪紹閔（Shao Min Hung）、庸子鑫（Zixin Yong）、安南耶夫（Egor Ananyev）等人在成書早期提供了各種建議、批評以及不少關於「基因陰謀論」與「隨機錯誤論」的觀點和論述，還有中國古生物學家肖書海和法國地質學家阿爾巴尼（A. El Albani）提供圖片，都要在此誠心致謝。

特別要感謝的還包括我的家人、薏涵、尤其是小兒子定頤。在撰寫這本書時，這個兩歲的小傢伙每天纏著我，耗盡了我下班後大部份的私人時間，但正因為時間流逝而產生的罪惡感，使得我更加珍惜剩餘的私人時間並用於寫作，而這本書也才得以完成。

最後，我要把這本書獻給你，以及每一個渴望突破桎梏、嚮往自由的大腦。

前言

數十億年前，原始的地球上存在著許多有機分子。其中有些分子稱為「複製子」，這些分子可以自我複製和聚合，它們也就是我們體內遺傳物質的前身。

在殘酷無情的自然環境中，有一些「複製子」奮力地踩著同伴屍體殺出重圍。每一次的苟延殘存，都讓它們有機會取得另一項有助於生存的神兵利器。而無奈的是，每次短暫的勝利卻也同時毫無喘息的將它們推入下一場血腥猙獰的資源與權力爭奪戰。億萬年過後，這些複製子終於修成正果，演化出了神經細胞、神經系統以及大腦。

由神經細胞所構成的大腦，享受了大多數的身體資源，而身體其他部位的細胞，都可以說只是神經細胞的共生俘虜而已。然而就在大腦成為王者、並且演化出心靈想要進一步邁向永垂不朽的同時，一直躲藏在背後的影武者卻設下了一道演化極限，並對大腦發出警告。

這位影武者究竟是誰？大腦有沒有機會力挽狂瀾？這本書，描述了數十億年來神經細胞如何在艱困的演化壓力下苟且偷生，並逐漸開始巧取豪奪，最後得以號令天下的一場精采登基大戲。登峰造極的大腦，究竟能不能擺脫影武者的累世操控以及被動的輪迴宿命？就讓我們一起來經歷這趟大腦演化之旅，共同揭曉答案！

大腦簡史：生物經過四十億年的演化，大腦是否已經超脫自私基因的掌控？ 目次

獻給

每一個渴望自由的大腦

序　章　植黨營私的大腦

自私永遠存在。

——伏爾泰

一九七六年，英國演化生物學家道金斯出版了生物學的科普名著《自私的基因》。他認為，在演化的過程中，互相競爭的主角雖然看起來是一個個獨立的生物個體，但是真正的演化單位，其實應該是基因。生物個體雖然看似演化的主角，但是小從單細胞生物的細胞本體、大至多細胞生物的軀體，都只是基因所創造出的一種載具、工具、武器或是「生存機器」而已。它們的功能，就只是用來保護基因、幫助基因移動繁衍、並藉此來增強基因的競爭力。儘管在天擇與生存競爭舞台上亮相的都是這些載具或是「生存機器」，但是到頭來，遺傳的主角其實還是背後的基因。

大家可能會覺得，這不過就是一種譁眾取寵的「觀點」罷了？觀點人人會提，而道金斯的想法，不就是諸多觀點中的其中一種而已？它到底出名在什麼地方呢？原來，道金斯的新觀點，有著過人的解釋力。這種以基因為中心的演化觀點，可以解釋許多傳統演化觀點下令人費解的「利他行為」。

傳統演化觀點認為，演化的單位是生物個體，也就是說，「演化會選擇出最能夠生存繁衍的**生物個體**」。但是這種傳統觀點在面對「利他行為」時，就頓時手足無措。例如「捨己救人」這種利他行為，就不符合「演化會選擇出最能夠生存繁衍的**生物個體**」的傳統演化原則。大家可以想一想，願意捨己救人者，應該有較高的機會會犧牲自己而死去，相較之下，不願意捨己救人者則有較高的生存繁衍機率，久而久之，所有願意「捨己救人」的個體應該都會被演化淘汰才對。但是很明顯的，「捨己救人」的行為卻仍然屢見不鮮，完全沒有被淘汰掉的跡象。

這種不利於自己的奇特利他行為，究竟為什麼沒有被演化淘汰？是不是有其他的原則可以解釋此現象呢？如果我們從「自私基因」的角度來看，就會恍然大悟，原來這種行為之所以存在，可能是因為此行為可以讓「和自己身上所擁有的相同基因」更有機會繁衍下去。

比方說，如果你見到自己的親人落水時能夠捨己救親人，那麼即使自己不幸犧牲，你親人身上和你相同的基因仍有機會繁衍下去。而且，如果這位親人比自己年輕，而你卻較年長且已過了黃金繁殖期，那麼當你救了這位年輕的親人之後，由於他在未來有較高的生殖繁衍機率，你們身上的共同基因能夠繼續繁衍的機率也會更高。這種觀點，也可以解釋為什麼人們多半比較願意捨身救親人，但不願意犧牲自己去救陌生人。這其中的緣由，就在於陌生人和你身上的相同基因數量，可能比親人和你之間的相同基因數量要少的多，因此犧牲自己救陌生人的「基因繁衍總效益」恐怕不高。

從這個角度來看，我們應該要把「演化會選擇出最能夠生存繁衍的**生物個體**」的原則，修改成「演化會選擇出最能夠生存繁衍的**基因**」才對。這個新的概念，也就是《自私的基因》的主旨。

「自私」只是擬人化的描述法？

道金斯在《自私的基因》中，透過了擬人化的方式來描寫基因，並把基因描述成一種帶有「自私性」或「目的性」的演化單位。而在你手上的這本《大腦簡史》中，我也將透過類似的擬人化方式來描述神經細胞。在介紹神經細胞的演化競爭過程時，我將會強調神經細胞所經歷的難關與掙扎，並賦予它某種「自私」且帶有「目的」的鬥爭性格。神經細胞的這種擬人化的「虛擬性格」，正好和自私的基因一脈相傳，畢竟神經細胞是基因所創，因此它似乎理所當然的傳承了基因的「自私性」或「目的性」，而且神經細胞身為「生存機器」之首，似乎還把基因的「自私性」發揮得更加淋漓盡致。

不過，各位讀者在閱讀時必須切記，這樣的描述方式只是為了讓故事可以更順利的呈現，事實上，無論是基因或是神經細胞，它們本質上可能都不帶有任何的「自私性」、「目的性」，或是任何的「心靈屬性」，它們都只不過是遵循著某種機械式的運作模式，然後在天擇的壓力下被動的演化而已。透過擬人化的描述方法，只是為了讓大家更清楚的看見演化過程中的殘酷競爭，以及生物如何歷經千辛萬苦才能從中脫穎而出。

然而，擬人化的描述方法，將會在本書的後半部出現重大轉折而變得名正言順。當神經細胞一路演化成神經系統、形成大腦，並且產生複雜的心靈之後，生命的本質就全然不變！當大腦演化出心靈之後，便產生了「自私性」、「目的性」以及各式各樣的「心靈屬性」，此時，擬人化的描述方法就不再只是一種修辭，因為心靈的確帶有這些性質。換言之，當心靈出現之後，這種擬人化的描述方式，就從原本只是方便誘人的比喻技巧，變成了名符其實的真切描繪。

大腦演化出心靈之後，原本只能在天擇壓力下被動演化的生物體，似乎找到了某種自由，並從基因的桎梏中獲得解放。基因世世代代生存繁衍的不朽宿命，也終於開始出現動搖。

心靈是自私的，因此大腦也是自私的？

只不過，大腦真的是自私的嗎？說心靈是自私的，大家或許不會反對，但是有受過生物學訓練的人一聽到「大腦是自私的」這句話，可能會馬上嗤之以鼻，因為演化論告訴我們，生物的演化是盲目而不帶目的性的，此外，我們也不應該把演化中的事物擬人化，例如道金斯在《自私的基因》中把基因擬人化並賦予自私的性格，似乎很容易就會變成一種容易誤導他人的不正確描述。同樣的，大腦身為一個處於演化中的事物，似乎也不應該以擬人的方式視之。更何況，如果說擁有心靈的生物個體自私，還算情有可原，但是大腦只是生物個體中的一個器官而已，何來自私之有？

然而，這種看法正是這本書所要挑戰的目標。以下就讓我把整本書的內容和概念進行濃縮，告訴大家為什麼「大腦是自私的」。

首先，如果想要在理論上論證大腦是自私的，我們其實可以逆向的從「自私的心靈」反推出「自私的大腦」。雖然很多人擁有無私的心靈，願意犧牲奉獻，但是心靈在本質上仍然是一個「可以選擇做出自私行為」的主體。也就是說，當我們「想要」自私時，原則上我們就「可以」做出自私的行為。從這個角度來看，心靈是自私的，或者說心靈擁有自私的潛力。

接下來，如果我們採取「心物同一」的立場，也就是「心靈等同於大腦」的立場，那麼我們就可以得出一個結論，就是大腦也是自私的。換句話說，從心物同一的立場來看，心靈就是大腦、大腦就是心靈，因此如果我們承認心靈是自私的，那麼等同於心靈的大腦，當然也是自私的。

演化過程中的大腦自私徵兆：類自私、準自私，與真自私

光是在理論上宣稱「大腦是自私的」，顯然說服力不足。有鑑於此，我將在本書中透過大腦演化的各種歷史背景和證據，來論述大腦發展出自私特質的來龍去脈。在第一章和第二章之中，我們可以見到基因在演化的過程中，不斷從環境中攫取並發展出各種

神兵利器，來幫助自己複製繁衍，而其中最大的助益，就是來自所謂的「基因載具」或是「生存機器」，它們是基因所製造出來的貼身幫手，能夠幫助基因散播、生存以及繁衍。而在種類眾多的生存機器以及機器部件中，最能夠幫助基因生存繁衍的頭號戰將，就是神經細胞和神經系統。

神經細胞和神經系統打從一開始，就繼承了基因「不斷複製繁衍」的「類自私」本質。什麼叫作「類自私」（pseudo-selfishness）呢？我之所以稱基因是「類自私」，是因為基因是一種物理分子，既然是物理分子，我們就不應該擬人化的賦予它「自私」的心靈特質。但是基因的確擁有一種相當特殊的性質，就是一種會「不斷自我複製、繁衍與成長」的物理本質和傾向，由於這種特質在自然界中相當獨特，我們姑且就把它稱為是「類自私」的物理特質。

擁有「類自私」特質的基因所演化出的神經系統，當然也繼承了相似的「類自私」特質。神經系統甚至更進一步發展出「準自私」（quasi-selfishness）的特質。和基因不同的地方在於，基因只是「被動」的自我複製，然後只能「被動」的在天擇的演化機制下被「選擇」出來。神經系統則不然。神經系統身為「生存機器」之首，其首要的工作就是「主動」蒐集環境資訊，並透過分析和預測來趨吉避凶，以做出最適合讓自己與基因生存繁衍的決策和行為。這種「主動」求生的行為表現，已經不再只是「類自私」，而可以稱得上是「準自私」了。而我們之所以暫時稱之為「準自私」而不是「真自私」，是因為我們仍無法完全確定是否每一種神經系統（特別是演化早期出現的神經系統）都帶有心靈狀態。

大腦自私的生理證據

擁有「準自私」特質的大腦，不但在對外的個體生存競爭中表現強勢，它在對內和身體中其他細胞與系統鬥爭時，也充分展現出自私的霸者之姿。在第三章與第四章中，我將為大家介紹大腦在對外的個體生存競爭中，如何為了自私求生而窮兵黷武的發展出包括視覺、聽覺、嗅覺、味覺、觸覺、記憶力、注意力等強大的感知與認知能力。同時我也將介紹大腦在面對身體內的資源競爭時，如何蠻橫的巧取豪奪各式資源來幫助個體發展出最適合生存的生理狀態，例如神經系統以鄰為壑的躲在身體內部安全之處，以及大腦與身體爭奪養分與血液，並導致身體成長變慢或甚至導致早產等現象，都是大腦對內的典型「準自私」行徑。

心靈自私的各種現象

當神經系統演化出心靈狀態後，就擁有了「真自私」（true-selfishness）的特質。在《大腦簡史》的第五章和最終章，我將透過各種心靈現象的實例，以及來回辯證的方式，告訴大家擁有「真自私」特質的大腦和心靈，其實正在走向一條試圖擺脫基因束縛的自由之路。

透過這本書，你將會親身經歷到「你」（神經細胞）一路以來所經歷的各種演化關卡、生存競爭以及未來的挑戰。基因所製造出來的大腦與心靈，為何會反過頭來挑戰基因？源自於基因的大腦與心靈，能否成功反抗基因的生存繁衍宿命？現在，就讓我們一起來揭曉答案！

第一章　一代王者的誕生

我走的很慢，但我從不後退。

——林肯

三十五億年前，地球的原始環境中存在著許多有機分子。其中有些分子可以自我複製和聚合，稱為**複製子**，也就是遺傳物質的前身。此時，正是生命誕生的一刻，但是暗潮之中，卻同時隱藏著某種風雨欲來的肅殺氣息。

複製子面對的最嚴苛挑戰，就是大自然的無情摧殘。根據熱力學第二定律，孤立系統會朝向最大亂度的方向演化。也就是說，系統中任何擁有複雜結構的事物，最後都應該會崩解而回復成獨立的分子狀態。複製子身為一種複雜分子，當然也逃不開熱力學第二定律的控制範疇。更何況，複製子透過不斷自我複製來抵抗分解滅亡的作為，儼然就是忤逆熱力學第二定律的一種逆天舉動，它也因此注定要面對來自於自然環境的朝攀暮折。

最初的複製子，可以說是完全裸露在極度惡劣的環境之中，來自太陽的紫外線、極端酸鹼值的侵蝕，以及各種化學物質的轟炸，都讓複製子嘗盡苦頭。一有疏忽，複製子就會立刻魂斷氣絕、灰飛煙滅。但是為什麼複製子最終不但沒有被消滅，還演化出各式各樣的生物呢？原因就在於，其中有一些複製子因緣際會的獲得了某些獨特的裝備，讓它們得以和殘酷的大自然進行抗衡。

複製子最早的幸運際遇，就是無意間和一種看似毫不起眼的分子產生結合：「脂質雙分子層」（lipid bilayer）。用白話來說，脂質雙分子層就是水中的浮油。為什麼浮油會和複製子結合呢？原因就在於脂質分子的獨特性質：脂質分子很容易形成雙分子層，並會無意地把各種其他分子包覆在其中。在歷經無數次的偶然與試誤之後，複製子終於也被脂質雙分子層所包覆。脂質雙分子層看似累贅黏人，但是它們竟然歪打正著的替複製子帶來巨大生存優勢，因為被脂質分子包覆的複製子，就等於是獲得了某種屏障，並可以進入一種相對穩定的安全狀態。從此之後，複製子便踏上了生命演化之路。

只不過，這條生命演化之路並不好走。隨著脂質雙分子層的現身，複製子的生命形態雖然逐漸穩定，但接踵而來的競爭卻愈來愈變本加厲，複製子也被迫展開了永無止盡的生存競爭之旅。一場非生即死的資源爭奪大戰，自此正式拉開序幕。遠古細胞演化史中的四大神器，也成了兵家必爭之物。

第一項神器：金罩鐵衫（脂質雙分子層）

脂質雙分子層，是一種由兩層脂質分子所構成的薄膜。以磷脂這種脂質為例，它一端的磷酸和鹼基具有會吸引水分子的親水性，另一端的長烴鏈則具有排斥水分子的厭水性。當一大堆的磷脂分子聚集在水中時，就會自然形成一種雙層的薄膜。

為什麼水中的磷脂會形成雙層薄膜呢？這是因為磷脂的獨特化學性質所致。磷脂分子具有一個「厭水端」和一個「親水端」。當水中聚集許多磷脂時，磷脂們的厭水端會兩兩相接，親水端則會朝外與水分子相接，雙層薄膜就自然成型。水中的磷脂分子之所以會自然形成這種雙層的薄膜，是因為這種排列方式最為穩定。這種薄膜通常會在水中自然圍繞成球形，形成含水的小囊泡，非常類似細胞的空殼。

早期的複製子，可能是在無意間被脂質雙分子層所形成的囊泡包覆起來。脂質雙分子層看似贅物，但是它的一些特殊物理化學性質，卻在無意間與複製子形成了完美的搭配。脂質雙分子層所形成的囊泡具有極高的穩定性和可流動性，因此即使囊泡受到張力而改變外型時，也不會輕易破裂，而且即使囊泡上的膜狀結構發生些許的斷裂，也可以自動修復並保持連續的雙分子層。這種穩定且可自動修復的囊泡，為複製子提供了絕佳的庇護。

換言之，脂質雙分子層就像是金鐘罩、鐵布衫般的保護膜，可以把複製子包覆在內，成為細胞的原型。取得脂質雙分子層的複製子，就像是獲得房子一樣，瞬間由無殼蝸牛升級為有房階級。從此之後，它們擁有了相對恆定的生理環境，不用擔心風吹日曬。而在穩定安全的環境中，這些複製子的子孫們也就一個接著一個不斷複製出來！

取得脂質雙分子層之後，這些複製子的優勢出現了大躍進，其命運也因此徹底改變，這些細胞原型，立刻擊敗了其他沒有細胞膜的複製子，從演化中脫穎而出。

在某種意義下，這些複製子可以說是獲得了永生的機會，因為它們得以在相對安定的保護傘中自我複製。但是同時，它們卻也墮入了不斷相互競爭、爭奪資源與支配權力的無間地獄。畢竟如果沒有資源，就不可能進行複製，即使有安定的保護傘，也無法順利繁衍下去。

因此複製子的下一步，理所當然就是要強奪一切資源！

此時的複製子已經具有原始細胞的原型，也準備開始大肆搜刮資源並進行繁衍。但是它們卻面臨了另一個嚴重的問題：細胞膜雖然提供了絕佳的隔離效果，但是隔離效果太好的時候，卻也會導致細胞膜內的複製子無法有效取得細胞膜外的資訊與資源，比方說，細胞膜外的養分和重要化學物質可能會因為細胞膜的阻擋而無法通行無阻的為複製子所用。

這就像是使用銅牆鐵壁把自己和外面的洪水猛獸隔絕開的同時，卻也把食物和水都排除在外。此一時期的複製子，就宛如坐困愁城一般，雖然擁有安全的城堡，卻也因為滴水不透的城牆而讓自己吃盡苦頭。在擁有細胞膜後卻反而因此撒手歸天者，所在多有。

而就在此時，成也蕭何、敗也蕭何的脂質雙分子層，竟然因為自身的獨特物理化學特質，再次誤打誤撞的救了某些複製子一命。我們剛剛提過，脂質雙分子層具有極高的穩定性和可流動性，這樣的穩定性和可流動性產生了相當程度的「包容性」，讓各式各樣的大型蛋白質分子可以安穩的鑲嵌在脂質雙分子層中。換言之，脂質雙分子就好像是戰國四公子一般，廣納蛋白質分子食客三千，雖然這些食客大多是濫竽充數的冗員廢材，但是其中卻出了兩名不可多得的能人異士。這兩位無意間得來的重要幫手，就是讓重要物資得以穿越細胞膜的感應器和出入口：「受器」與「閘門」！

第二項神器：鋼鎖銅門（受器與閘門）

所謂的受器（receptor），就是位於細胞膜上的化學分子，這些分子在與細胞膜內或外的化學物質結合後，會經由物理或化學變化來影響各種閘門的開關。而這些閘門，就是讓各種分子得以進出細胞膜的通道。受器除了可以控制閘門，也可以直接或間接的透過誘發細胞膜內的化學反應來影響細胞的活動。

換言之，受器就有如是一道鋼鎖，閘門就像是一扇銅門。而外來分子就好比是鑰匙一樣，只要把正確的鑰匙插入鋼鎖的鎖頭，銅門就會應聲而開。

取得了受器與閘門的細胞膜，就像是在房子裝上了門鎖一樣。當有人拿了正確的鑰匙前來，銅門就會自動開啟。例如當糖分出現時，就應該打開通道盡情吸收，這就好比是情人來敲門時，當然要二話不說開門迎接。反之，如果危險的化學物質出現時，就要啟動防禦機制，就像是仇家上門時，不但得抵死不開，同時還要抄傢伙全面戒備才行。

細胞膜加裝受器之後，其實不只像是房子裝上門鎖而已，更像是加裝了電鈴、電視、監視器以及網路的現代住宅。擁有受器，就等於獲得了寶貴的資訊接收管道。

資訊戰登場

資訊，是戰場上的關鍵。如果要用一句話來說明大腦是什麼，最佳的定義，應該就是「資訊攫取分析大師」。大腦與神經系統，就是攫取資訊、分析資訊的頂尖高手。檢視人類的各種行為，就會發現大腦無時不刻都在攫取分析資訊，使用五官接觸外在環境、與他人交談、近乎成癮的網路使用習慣等，都是渴求資訊的表現。

為什麼資訊如此重要呢？因為在資源的爭奪戰之中，誰掌握了資訊，誰就是贏家。在演化初期，單細胞生物們很早就展開了資訊戰。快速有效的取得並傳遞資訊，是成功生存繁衍的不二法門。也因此，誰能讓資訊得以快速傳遞，誰就會成為生物在奮力求生時的佐國良相。

即將出場的下一位主角，正是讓資訊能夠快速傳遞的重要推手，而它也是讓細胞轉變成為神經細胞的主要關鍵。

第三項神器：雷神律令（離子閘與電位傳遞能力）

在說長不長、說短不短的一億年之間，複製子已經接連取得細胞膜與受器閘門這幾項生存利器，並徹底淘汰了其他處於游離狀態的裸複製子。在距今約三十四億年前的時候，原始的地球環境中已經到處可見這類簡單的單細胞生物。

此時，這些原始的細胞面臨到另一個難題：無法快速傳遞訊息。

當時細胞傳遞訊息的方式，主要是透過物理接觸和擴散。這種反應方式，很難快速的把訊息傳遞開來。一個普通細胞的大小約是一般小分子的數千倍大，因此如果單要靠分子擴散的方式來把訊息從細胞頭傳到細胞尾，其速度就像是老牛拉車。例如在二十五度的水中，低濃度的氧氣分子如果想要透過擴散作用來移動十公分的距離，那得要花上大約二十七天才行！

在分秒必爭的生存戰場中，如此緩慢的訊息傳遞速度簡直就是一場笑話，也因此，細胞便開始演化出快速傳遞訊息的能力。在這個關鍵的時刻，一種特殊的閘門被推上了前線，細胞準確的利用這種閘門的特性，建造出一種可以積蓄能量和快速釋放能量的機制。透過這種快速釋放能量的機制，細胞就可以快速的傳遞訊息。而取得這項機制的細胞，也逐漸演變成神經細胞，從此與一般細胞分道揚鑣。這種特殊的閘門，就是**離子閘**（ion channel）。

顧名思義，離子閘就是可以讓帶電離子通過的閘門。離子閘的種類很多，如果以通過的離子種類來區別，我們可以把它們分成鈉離子閘、鉀離子閘、鈣離子閘以及鈣鈉交換離子閘等等。如果以閘門調控方式來區別，則可以分成「化學調控離子閘」（ligand-gated ion channel）和「電壓調控離子閘」（voltage-gated ion channel）。

離子閘最早的用途，是用來調整細胞內外的離子濃度。不過，離子閘真正神奇之處在於，細胞可以透過消耗能量把帶電離子主動運送到離子閘的另一端，然後讓細胞膜內外的帶電離子濃度出現差異以形成「電位差」，這個過程也被稱作「極化」

（polarization）。電位差就形同是一種蓄積的能量，只要適當的時機一到，就可以透過「去極化」（depolarization）來瞬間釋放能量以做出快速的大規模反應。

大家可以把電位差想像成水位差。水會由高處往低處流，電亦然。透過離子閘主動在細胞膜內外創造出帶電離子濃度差異的過程，就宛如是用幫浦把水打到樓頂的水塔之中。等到要用水時，只要打開水龍頭或打破水塔，水就會瞬間快速湧出。

這種訊息傳遞方式，完全可以用神速兩字來形容。一旦透過離子閘主動在細胞膜內外創造出帶電離子的濃度差異（電位差異）之後，只要適時的再打開離子閘，電位變化就可以瞬間傳遍整個細胞膜，這種可以快速行動的電位變化，我們稱之為「行動電位」。神經細胞透過行動電位來傳遞訊息的速度，可以達到每秒五公尺，也就是說，移動十公分只需要〇．〇二秒！與擴散移動十公分需要花二十七天的氧氣分子相比，電子傳遞訊號整整快了一億倍以上。

有一些神經細胞甚至演化出了髓鞘，使得行動電位的傳遞速度又翻了好幾倍。髓鞘是由施旺細胞（Schwann’s cell）和髓磷質所構成，它們包繞在神經細胞向外傳遞訊息的軸突上，每隔一段距離髓鞘就會中斷，形成一節一節的形狀。節狀結構之間的中斷位置叫做蘭氏結（Ranvier's node），行動電位只會在蘭氏結的位置出現，然後「跳躍」到下一個蘭氏結，使得行動電位的傳遞速度大幅增加。包有髓鞘的神經細胞在傳遞行動電位時，速度高達每秒一百公尺。也就是說，移動十公分只需要〇・〇〇一秒[1]，比擴散的速度快上二十億倍！

行動電位還有一項相當優秀的特點，就是它的資訊強度不會在傳遞過程中因為耗損而遞減。比起一般的電力傳送方式，行動電位簡直就是近乎完美。一般電力公司使用電線傳送電力時，電線中的電阻會發熱消耗電力，因此會不斷的耗損。有鑑於此，電力公司才會使用高壓電來讓傳遞所需的電流變小以減少消耗。但是即使已經使用高壓電，一般電力公司每年在傳遞過程中所耗損的電力仍高達五至一〇%。而每一個百分點的耗損，大概就等於新台幣六十億的燃料成本。

對於生物來說，傳送過程中的能量成本耗損還算小事，因為生物可以透過各種方式來補充能量，但是如果「資訊」也跟著在傳送過程中耗損，那可就事關重大。試想，如果資訊因為在傳送過程中耗損而造成內容變異、資訊失真，無法成功到達目的地或者資訊消失，那麼生物體將會無法對資訊做出正確反應。失真的資訊傳送，可以說是完全喪失了資訊傳送的本意。因此，天擇的過程將很難容忍生物演化出這種失真的錯誤資訊傳遞方式。

行動電位，則是一種讓生物可以在訊息強度不會遞減的情況下順利傳遞資訊的完美演化結果。一旦神經細胞接受到足夠的化學信號，「化學調控離子閘」就會啟動，並在軸突上產生行動電位，行動電位會沿著軸突傳遞到下一個相鄰位置，然後此電位差就會啟動下一個位置的「電壓調控離子閘」，讓電位以同樣的強度持續傳遞下去。這種傳遞方式，就好像是一連串頭尾相連的老鼠夾，只要第一個老鼠夾被啟動之後，接下來整串的老鼠夾就會接二連三的被啟動，而由於每個老鼠夾的「力道」都相同，所以資訊傳遞的內容不會出現耗損或失真的現象。

在人類和許多生物身上，行動電位有時候也可以透過「外力」來啟動。如果你想體驗一下透過外力啟動行動電位的話，可以試試看讓左手臂彎曲約九十度，大概像是在公車上拉著吊環時的姿勢，然後尋找左手手肘骨內側的一條「筋」。尋找的方法，就是先保持此姿勢找到左手手肘骨，也就是泰拳中用來肘擊的那塊最硬的骨頭。用右手指尖摸到左手手肘骨頭後，指尖繼續往腋下的方向前進約兩公分，再往身體中線內側前進一公分，應該就可以摸到手骨之間的一道凹槽，凹槽中有一根筋，這就是「尺神經」，內有由左手無名指和小指區域傳回大腦的神經軸突。用食指撥動尺神經，或者用手指彈一彈尺神經，就可以誘發行動電位，大腦就會感覺到左手無名指和小指區域出現麻麻的感覺。

資訊革命

透過電位傳遞訊息的方式，完全就是一種資訊革命。原本的擴散作用，就好比是中古世紀的驛馬傳書，而電位傳遞，則像是使用電報和電話。取得離子鬧與電位傳遞能力的細胞，宛若取得了雷神律令，得以使用**電**來傳遞訊息。這些獲得神助的細胞，終於逐漸嶄露頭角，並開始演化成神經細胞，挾著可以高速訊息傳遞的祕密武器，這些細胞從此不再平凡。

這些細胞取得離子閘之後，大概又過了十多億年，才逐漸能夠精確使用電位差來傳遞資訊。到了大約二十億年前，真核生物（eukaryote）終於完全掌握了電位差的精髓，開始可以巧妙的使用電位差來進行各種活動。

比方說，這種透過電位變化在細胞內快速傳遞訊息的方式，在單細胞生物草履蟲（paramecium）身上就可以看到。當草履蟲的細胞體前端撞到東西時，電位變化會迅速從細胞前端傳向後端，讓尾部的鞭毛改變運動方向，使得草履蟲可以轉身。

在細胞內快速傳遞訊息的能力，除了讓細胞可以即時做出反應，也讓細胞有機會可以長得更大。體型大、反應快，就意味著不同的競爭適應力。這些電位差運用高手可以從演化中脫穎而出，一點都不意外。

第四項神器：奴役之刃（突觸）

以上幾項先後獲得的神兵利器，都可以說是戰力升級的好物。透過它們，單細胞生物得以提高自己的生存競爭力，以便在演化過程中淘汰其他對手。不過，就算戰力升級也只是單打獨鬥，再怎麼厲害，也不一定比得過團隊合作。如果單一細胞或單細胞生物之間能夠互相溝通合作，必然會獲得不同的生存競爭能力。就在此時，另一項神器橫空出世。這第四項神器，和先前三者完全不在同一個檔次。它是一種可以用來與其他細胞合作，但也可以用來「奴役」其他細胞的雙面刃：突觸（synapse）。

突觸是神經細胞向外接觸其他細胞的接觸點。透過突觸，神經細胞可以把訊息傳給別的細胞，達成彼此傳遞訊息的合作關係。突觸大致可以分為兩種，一種是「電突觸」：電位差的變化會直接通過突觸傳遞到另一個神經細胞上。第二種則是「化學突觸」：電位差的變化會讓突觸釋出化學物質，然後擴散並經由受器影響另一個細胞。這種細胞與細胞間以物理或化學方式相互影響的機制，究竟是怎麼演化出來的呢？

突觸的演化：先有神經傳導素？還是先有受器？

最早出現的突觸型式，可能是兩個相鄰細胞之間的細胞膜上的互通閘門，這種閘門可以讓離子和其他分子透過擴散的方式自由穿越。電突觸就是使用這種形式來讓帶電離子從一個細胞擴散至另一個細胞。在現今幾乎所有生物的大腦中，都還看得到這種突觸的蹤跡。

至於化學突觸的出現，則相對複雜許多。化學突觸的運作方式，是由行動電位先誘發突觸一端釋出化學物質神經傳導素，接著這些神經傳導素擴散到突觸另一端被受器接收後，才能影響或**操控**下一個細胞，才能激起新一波的行動電位繼續把資訊傳遞下去。

現在問題來了，在演化的過程中，是先有神經傳導素，還是先有受器呢？如果原本沒有受器，那細胞怎麼會演化出神經傳導素？如果原本沒有神經傳導素，細胞又為什麼會演化出受器來感應神經傳導素？

最近的研究發現，突觸的演化初期，應該是先有受器才對，而這些受器最原始的功能，是用來偵測環境中的某些營養物質，而不是用來偵測神經傳導素。科學家發現，單細胞生物（例如某些細菌）的細胞膜上已經有可以和麩胺酸（Glutamate）結合的蛋白質[2]。在分析DNA序列後發現，這些蛋白質存在的時間早於植物和動物分家之前，而且可能是在多細胞生物出現之前就已經存在。

科學家猜測，早期的單細胞生物可能就是利用這些蛋白質做為受器來偵測麩胺酸（麩胺酸是許多生物代謝過程中的一個重要物質），後來發展出多細胞生物後，生物才演化出分泌麩胺酸作為神經傳導素的能力，這些原本就已經存在的受器也因此發揮出新的功能。之後經過無數次的基因複製、突變和天擇，神經傳導素和受器的種類也才不斷的增加和日趨複雜。

突觸的發現歷史

說起突觸，就不得不稍微岔題，跟大家分享一下發現突觸的有趣歷史。在十九世紀的生物與電生理學界中，神經細胞之間如何傳遞訊息一直是眾人熱議的一個主題。由於神經細胞之內的電子活動在當時早已為人所熟知，因此許多人都認為，細胞之間的訊息傳遞也應該是透過電子訊號。

雖然早在一八四六年，被稱為電生理學之父的德國生理學家、行動電位的發現者德布雷蒙（Emil DuBois-Reymond）就曾經提出一個主張，認為神經細胞之間可能存在著空隙，而且除了電子傳遞方式外，也有可能以化學傳遞的方式來越過神經細胞之間的空隙。但當時他並沒有拿出任何證據，因此他的化學傳遞主張很快就被大家遺忘。畢竟，以當時大家對神經電生理學的知識和理解，電子的傳遞方式仍然比較直覺，也比較簡單。

但是有幾項重要的事實，卻一直和主流的「電傳遞假說」格格不入。這些重要的發現主要都是來自當時的英國生理學家薛靈頓[3]的實驗室[4]。

比方說，當時已經知道行動電位只能往單一的方向前進，也就是說，行動電位總是由一個細胞的軸突往下一個細胞的方向前進，而不會往反方向逆行。如果細胞之間真的是用電子訊號來影響，那麼本身不具方向性的電子活動，應該也會導致反方向的行動電位，但為什麼從來沒有觀察到這個現象呢？

其次，當時已知存在著「興奮型」和「抑制型」兩種神經細胞作用。如果神經細胞之間真的是使用電子訊號作為傳遞方式，那麼由於電位改變和傳遞的方式在每個細胞上都一樣，其造成的效果應該只會有興奮型或抑制型的其中一種才對。為什麼會產生兩種不同的神經傳遞效果呢？

再者，神經生理學家觀察到訊息在細胞之間傳遞時，會出現明顯的延遲現象。如果真的是以電子訊號作為細胞間的傳遞方式，應該不會出現明顯的延遲才對。

有鑑於此，薛靈頓便正式提出了「突觸」這個名詞與概念，認為突觸是神經細胞之間相互傳遞訊息的一個重要調控關鍵，而且很有可能是透過化學方式進行調控。

到了一九二一年，生理學家勒維（Otto Loewi）終於在睡覺時夢到一個想法，並透過實驗證實了化學突觸的存在。一天晚上，勒維在夢中想到了一個驗證化學突觸的絕妙實驗，他在半夢半醒之間，迷迷糊糊的在筆記本上寫下實驗的想法，然後就倒頭繼續呼呼大睡。隔天起床，他興高采烈的準備動手做實驗，卻發現自己看不懂昨晚胡亂記下的筆記內容。懊悔不已的勒維，仰天直呼那是他生命中最漫長難熬的一日[5]。沒想到，當天晚上，他竟然又做了一模一樣的夢。這一次，他沒有再錯失良機，趁著夢中的想法依然清晰，勒維直接衝到實驗室裡進行實驗。

他的實驗方法非常簡單明確，就是挖出兩隻青蛙的心臟，然後把依然活跳跳的心臟放在生理食鹽水中。其中一顆心臟，依然帶有迷走神經，另一心臟則沒有。勒維透過電流刺激帶有迷走神經的心臟，使其心跳變慢，然後取出該心臟周圍的液體並施加在另外一顆心臟上。結果發現，另一顆心臟的心跳也變慢了。由此可知，應該是第一顆心臟受刺激後產生了某種化學物質，由於這些化學物質流入了周圍的生理食鹽水中，因此當這些生理食鹽水接觸到第二顆心臟時，第二顆心臟的心跳才會變慢。這項實驗讓勒維獲得了一九三六年的諾貝爾生物醫學獎，也證實了化學突觸的存在。不過一直要到一九五四年，突觸才真的第一次被人們在顯微鏡下**觀察**到。

神經細胞的誕生：操控、操控、再操控

言歸正傳，讓我們繼續回來看看神經細胞的艱困發跡史。透過突觸，跨細胞的快速訊息傳遞得以遂行。雖然說這是一種細胞間的合作關係，但從另一個角度來看，突觸也可以說是神經細胞用來「操控」其他細胞的工具。

在獲得突觸這項神器之後，這些具備電位變化傳訊技能的細胞正式成為「神經細胞」。這些神經細胞，開始擁有操控其他細胞的能力。他們操控的對象，可以是另外一個神經細胞，也可以是非神經細胞。例如大腦初始運動皮質中的「上運動神經元」（upper motor neuron）的軸突會連結到脊髓中的「下運動神經元」（lower motor neuron），這就是神經細胞操控另外一個神經細胞的典型案例。下運動神經元連結到末梢肌肉並支配四肢運動，則是神經細胞操控非神經細胞的實例。

由於這種具有主從性質的操控關係，資源爭奪戰更是提升至另一個前所未見的新境界。先前的資源爭奪，存在於不同的單細胞生物體**之間**。但是現在，細胞有機會彼此相

連形成多細胞生物，競爭也開始在生物體之內出現。

身為一個多細胞生物體，除了在「個體間」要與其他生物體拚個你死我活，在「個體內」的細胞們也要相互競爭。在這樣的環境下，神經細胞們彼此相連，形成中樞神經系統，這個中樞神經系統開始掌控、並且使用大多數的生存資源，而其他肌肉、骨骼等非神經系統，就逐漸變成了中樞神經系統的跑腿和保鏢。說穿了，這些非神經細胞，似乎就只是神經細胞的共生俘虜罷了。

演化至此，神經細胞已然成為各類細胞中最特殊的第一號人物，其存在的本質，就是利用電生理的方式來傳遞資訊，並藉此操控其他細胞。在三十五億年前，它雖仍只是一個沒沒無聞、可以自我複製的基因片段，但是在因緣際會之下，它先後奪得了金罩鐵衫、鋼鎖銅門、雷神律令以及奴役之刃這四大神器，並藉此在殘酷無情的環境中殺出重圍，準備邁向一代王者之路。

但是，王者之路總是艱困崎嶇。接下來，我們將會看到野心勃勃的中樞神經系統如何在演化的生死逼迫之下，不斷疊層架屋、自我壯大，為了生存，它不得不盡其所能的搜刮資源，並奴役身體中的其他細胞和系統。一場精采絕倫的權力爭奪戰，才正要拉開序幕！

第二章 世紀帝國的形成

沒有分工與異化，就沒有政治與操弄。

——米勒

一九四二～一九四六年間，美國製造核武的曼哈頓計畫進行得如火如荼，鈾礦也有如洛陽紙貴，需求與日俱增。澳洲的地理學家斯布瑞格（Reg Sprigg）在此時參與了南澳洲地質探勘計畫，並在一九四六年被南澳州政府派遣到埃迪卡拉山地（Ediacara Hills），檢視當地廢棄的鈾礦場是否有重新開採的價值。

有一天的午餐時間，斯布瑞格在地上無意間瞥見一塊化石，幾經研究後，他認為這塊化石可能是來自前寒武紀（約五億四千兩百萬年前）[1]。斯布瑞格把這項發現投稿到《自然》雜誌，但卻因年份證據不足而慘遭回絕。在一九四八年的國際地理會議上，由於多數人都相信這種化石可能只是來自寒武紀、而非前寒武紀，他的發現也因此一直沒有受到重視（圖一）。

一直到了一九五七年，地質與古生物學家葛雷斯納（Martin Glaessner）在英格蘭查恩伍德森林（Charnwood Forest）發現了看似一樣古老的化石，由於英國的地質圖譜十分精細健全，人們才終於可以確認這些化石真的是來自前寒武紀（圖二）。這項發現，讓地質年代中多了一個新的時期：埃迪卡拉紀（Ediacaran Period）。百年以來，這是首度額外新增的一個地質時期，由此可知其重要性。而此類化石以及在中國貴州發現的葉藻化石[2]（圖三），也成了公認最早的多細胞生物化石，其年份就是約略六億年前的前寒武紀時期。

就在眾人以為多細胞生物化石最早的年代爭議已經塵埃落定之時，二〇〇八年法國的地質學家阿爾巴尼在非洲西部加蓬（Gabon）的佛朗席維爾（Franceville）發現了另一塊不起眼的生物化石，這塊化石上的生物形態，像極了六億年前左右的多細胞生物。阿爾巴尼不以為意的將化石進行年份確定，以為他會得到類似的年份，沒想到，年份鑑定出爐時，竟是跌破眾人眼鏡的二十一億年前。這種圓盤狀生物化石，直徑高達十～十二公分，算是十分巨大的化石[3]。由於這些化石在形態上出現清楚且規律的纖維狀組織，因此很有可能就是多細胞組織的遺跡[4]，多細胞生物最早出現的可能年代，也因此更大幅往前推進至二十一億年前（圖四）。

無論確切的時間點究竟為何，多細胞生物開始成型之時，約略就在五～二十一億年前。真正令人費解的是，多細胞生物為什麼會出現？這些多細胞生物，究竟是如何從單細胞生物演化而來？牠們是否擁有神經系統？神經系統，又是如何從多細胞之中崛起的呢？

多細胞生物的崛起

多細胞生物為什麼會出現？想要明白這個問題，我們就必須設身處地的想一想：單細胞生物當時所面對的生存困境是什麼？

身為一個單細胞生物，其所面臨的最大挑戰，就是**獵食**與**逃生**。

如果無法有效的獵食及順利的逃生，那一切都是枉然。而對單細胞生物來說，想要順利完成獵食與逃生行為的最簡單方式之一，應該就是發展出巨大的體型。因為，早期的生存環境是一個弱肉強食的世界，單細胞生物除了覓食浮游物質（abioseston）之外，也會彼此互相吞食。這個時候，體型就成了能否存活的關鍵之一。體型愈大，愈容易吞食別人、也愈不容易被別人吞食。

群聚的好處

想要有大體型，可以依靠兩種方式，第一種方式，是單細胞生物讓自己的個頭愈長愈大。不過，這種方式有一個致命的缺點，就是當單細胞生物愈長愈大時，體內的養分和訊息會無法即時擴散或傳遞至細胞各處，形成尾大不掉的局面。因此以下這第二種方法，就出現了演化上的優勢：同種的單細胞生物可以彼此靠近結合，透過群體來「膨脹」並保護自己。

當一群單細胞生物聚在一起時，整體的群聚體積會變大，牠們也就不容易被掠食者吞食。此外，當生存環境中出現急遽物理變化（例如溫度或紫外線強度改變）或破壞性的化學物質時（例如強酸或強鹼），群聚並緊密黏合在一起的單細胞生物們可能只有坐落在外層者才會死亡，而被包覆在中央的就比較有機會可以生存下來。

還有，當環境中的養分不足時，群聚的單細胞生物可能也有機會透過共享來提升資源的使用效率。例如兩個細胞相黏結處不需要有兩層細胞膜，它們可以共享一層細胞膜，省下的資源就可以作其他用途。當整個群體都因為養分不足即將滅亡時，牠們甚至還可以把僅存的資源保留給特定的少數幾個細胞。如此一來，即使犧牲了大部分的細胞，也仍會有少數幾個細胞存活，不致於讓物種整個滅絕。例如當黏菌（*Dictyostelium discoideum*）生活在食物充足的地方時，牠們會以單細胞的型態獨自生存，但是當食物匱乏時，黏菌們就會結合在一起，形成黏菌團塊並且開始四處移動，尋找食物充足的適合生存之地。找到食物充足之地後，這些黏菌團塊會產生子實體（fruiting body）並散播孢子，產生新的單細胞黏菌。

多細胞生物的起源：集群理論

現在我們知道了多細胞生物的可能優勢，接下來我們就不得不繼續追問，多細胞生物究竟是如何在演化的過程中源起的呢？

關於多細胞生物起源的最知名理論，應該是德國生物學家海克爾（Ernst Haeckel）在一八七四年提出的集群理論（colonial theory）。海克爾認為，最早的多細胞生物可能是由許多「同種」的單細胞生物群聚而成[5]。例如海綿可能就是由類似領鞭毛蟲（*choanoflagellate*）的單細胞生物群聚演化而來。

這個理論的早期證據，是來自於海綿與領鞭毛蟲的形態相似性。如果我們觀察海綿的細胞形態，的確可以發現它和領鞭毛蟲極為類似。不過，形態相似並不能說明兩者之間的演化先後順序，雖然海綿有可能是類似領鞭毛蟲的生物群聚而成，但是真實的情況卻有可能完全相反，也就是說，領鞭毛蟲也有可能是海綿細胞分離出去後才形成的單細胞生物。

有鑑於此，科學家便透過基因定序來排出領鞭毛蟲以及鄰近物種的種系發生樹

（phylogenetic tree）。結果發現，領鞭毛蟲在種系發生的順序上，的確早於海綿等後生動物[6]。因此海綿確實較有可能是由類似領鞭毛蟲的單細胞生物（原始領鞭毛蟲）群聚而成，而不是海綿細胞分離出去後才變成領鞭毛蟲。

如果原始的多細胞生物是由類似領鞭毛蟲的單細胞生物群聚而成，那我們接下來就要問，由「群聚」轉變成「融合」的關鍵要素是什麼？畢竟，一堆單細胞生物「群聚」在一起很容易，只要有食物來源，一群單細胞生物就會聚在一起。但是一群單細胞生物要「融合」成一個完整的多細胞生物，可就不是這麼簡單。

想要融合成多細胞生物，至少有兩種方式。第一種方式，是透過細胞膜上的蛋白質來彼此黏結，也就是說，個體和個體之間可以透過某些物質彼此黏合。第二種方式，是直接透過「不完全的細胞分裂」來形成多細胞結合體，換句話說，就是在生小孩時不要完全把彼此切斷。

我們先來看看第一種方式以及相關證據。在多細胞動物的細胞膜上，通常都可以發現能夠幫助細胞彼此黏結的蛋白質，也就是靠著這些蛋白質，細胞才能形成彼此連結的穩定結構。如果領鞭毛蟲的祖先真的群聚成海綿，那麼領鞭毛蟲是不是帶有這些可以幫助彼此黏合的蛋白質呢？

科學家在徹查了基因定序的結果後發現，領鞭毛蟲身上還真的帶有許多原本以為只會出現在後生動物身上的「細胞黏附蛋白質結構域」（cell adhesion protein domain）。科學家猜測，原始領鞭毛蟲（領鞭毛蟲和海綿的共同祖先）可能也帶有這些細胞黏附蛋白，在演化的過程中，有一些原始領鞭毛蟲利用這些蛋白質來附著於外在環境或捕捉食物，並形成了現在的單細胞領鞭毛蟲，另一些原始領鞭毛蟲則利用黏附蛋白彼此群聚連結，形成了海綿這樣的多細胞生物。

第二種方式，是直接由「不完全的細胞分裂」來形成多細胞生物。這種方式在現存的領鞭毛蟲身上也可以發現。美國加州大學柏克萊分校的生物學家金恩（Nicole King）在一種鞭毛蟲（*Salpingoeca rosetta*）的生存環境中，加入一種會獵殺鞭毛蟲的細菌，結果發現鞭毛蟲會透過「不完全的細胞分裂」來形成大型多細胞群體[7]。換言之，就是在細胞分裂的最後階段讓細胞膜仍然彼此相連而不完全分裂。藉著這種方式，鞭毛蟲就可以形成彼此相連的巨大體型以對抗細菌的獵殺。

類似的現象也曾經在其他單細胞物種身上被觀察到。例如美國威斯康辛州立大學密爾瓦基分校的生物學家波拉斯（Martin E. Boraas）在綠藻的培養皿中加入會獵食綠藻的鞭毛蟲後，也發現綠藻同樣會透過不完全的細胞分裂來形成大型多細胞群體，以抵禦鞭毛蟲的獵食[8]。

多細胞生物起源的其他理論

除了集群理論之外，較為人知的多細胞生物源起理論還有共生理論（symbiotic theory）以及合胞理論（syncytial theory）。共生理論主張，最原始的多細胞生物並非由「單一一種」單細胞生物所形成[9]，而是由「不同種」的單細胞生物共生後所形成。比方說我們的細胞中帶有線粒體，就是一種共生的例子。合胞理論則主張，最原始的多細胞生物可能是由擁有複數細胞核的單細胞原生動物演化而來（例如有些纖毛蟲和黏菌都擁有複數細胞核），這些單細胞原生動物體內的複數細胞核可能會發展出各自的細胞膜，並形成多細胞生物[10]。

總而言之，雖然我們目前仍不完全清楚由單細胞生物演化成多細胞生物的真正歷史，但是顯而易見的是，多細胞生物的確擁有許多不同於單細胞生物的生存競爭優勢。單細胞生物其中一支朝向多細胞生物發展的演化趨勢，也從此一去不回頭[11]。

令人又愛又恨的分工

群聚的多細胞生物還有另一個巨大的優點，就是可以透過「細胞分工」來提升效率。當群聚在一起的單細胞生物仍無法順利存活時，就可能會出現分化的現象。透過分化，群體中不同部位的單細胞可以發展出獨特的形態與功能，提升整個群體的生存能力。例如位於表面的細胞可以強化細胞膜，位於運動樞紐區域的細胞則可以強化纖維和收縮能力。

在亞當斯密的《國富論》中，就曾大篇幅的探討過「分工」的現象、成因和好處。

比方說，在一個原本每個人都是獵人的原始部落中，如果其中某一個人可以比其他人更能夠快速熟稔的製作弓箭，那他就可以用弓箭來和同伴交換獵物。他最後會發現，由於自己精於製作弓箭而不擅長打獵，因此透過製作弓箭來和其他獵人交換他們所打到獵物，遠比他自己去打獵時能打到的還要多。所以，考慮到自己的利益，製造弓箭就變成了他的主要工作，他也因此變成一個製造武器專家。同樣的，另外一個人擅長建造房屋，也可以採用上述的方式和鄰居進行交易，透過幫鄰居蓋房子，他能夠從擅長打獵的鄰居那邊換得獵物。最後他也會發現，投入所有的時間專職建造房屋，才能夠把利益最大化。以此類推，有人成為了廚師，有人則變成了製鞋師父。這種交易方式鼓勵每一個人去從事一個專門的職業，這種各司其職、各盡其能的分工方式，形成了一個更有效率和產能的社會。

亞當斯密精準的洞見了分工的好處，但是他唯一忽略的事，就是分工並不是如他所說的那樣只是人類獨有的行為。分工的現象其實普遍存在於生物界，雖然此現象不一定會外顯於人類以外的動物行為上，但是分工的原則卻是深植於各種生物體內。比方說，多細胞生物的存在，就是分工的最佳寫照。

失去自由

分工雖然好處很多，但也可能會帶來一種危機，就是喪失獨立運作的自由。也因此，有人把「分化」稱作是一種「殘化」。例如在上述的情境中，當社群中的某個人成為專職的弓箭製作專家後，久而久之，他便會喪失狩獵的技能，此時他也就喪失了獨立生存的能力和自由。同樣的，分工一旦促成了建築師、廚師、製鞋師父等各種「專家」，這些專家也就喪失了能讓自己獨立存活的「通才」能力，他們不再擁有自我獨立生存的自由，只有仰賴交易，他們才能存活。

此外，過度依賴交易，還會使得社群中的個體容易受到控制。如果有人可以宏觀的對供給、需求和交易過程進行操控，那麼無法獨立生存的不自由個體，就會輕易淪為變相的奴隸。換言之，只要存在分工，自由就可能會因此消失，雖然少數人可能會因此受益，但多數人都將因此受難。

比方說，分工後形成的農業革命，可能就是導致多數人類失去幸福的禍首之一。以色列的歷史學家哈拉瑞（Yuval Noah Harair）在《人類大歷史》中，就曾經提出過「分工與農業革命所造成人類悲劇」的看法[12]。農業革命使得多數人類失去幸福並導致悲劇？大家可能會懷疑自己聽錯了。農業革命不是創造出大量糧食，使得人口和經濟得以持續快速增長嗎？事實上，人口與經濟快速增長並沒有保證會帶來幸福感。農業革命早期所產出的大量糧食的確造成人口和經濟快速成長，但是災難也可能隨之而來。

第一個災難就是，這些快速成長的人口，可能全都得依賴農業革命所產生的單一或少數種類糧食才能存活，而且人口成長的總數量，則總是處於新增糧食能夠餵飽的人口數量的邊緣。換句話說，糧食增加後，人口隨之上升，然後他們會在吃不飽也餓不死的「足以存活」的邊緣消耗掉這些增加的糧食，接著新增的人口又投入糧食生產，最後產出更多的糧食、以及更多僅能勉強餬口生存的人口，並一直無限循環下去。

與農業革命之前的採獵生活相比，這種農耕生活並沒有比較快活。先前的採獵生活，可以說是輕鬆愜意，採獵後飽食一頓即可休息，而且多樣化的採獵食材也讓人們可以保持健康。但是進入農耕生活後，為了維持愈來愈多的人口，農民投入了巨額的時間，可以說是毫無生活品質可言。單一化的食物種類和重複性的身體動作也讓人們的健康出現問題。天災更是容易對農耕型式的生活形態造成重大打擊，因為一次天災，就可能足以毀滅大規模的糧食作物而造成饑荒。

第二個災難，就是大規模農業會自然產生商業交易行為，並容易讓財富累積於少數掌有權力的人手中，如此一來，大多數人民的受益程度，就可能會僅處於得以生存的邊緣而已。而且，和狩獵生活相比，農耕生活形態的人們對於土地的固著度大幅提升。為了農耕，農民必須固守於一塊土地之上，不像採獵族群那樣可以四處改變棲地，一旦和其他族群發生衝突，農耕族群也無法像採獵族群一樣輕易的一走了之，相反的，他們可能得拚死捍衛土地才行，因為只要他們離開耕地，可能就唯有餓死一途。由此可知，分工所產生的農業革命，可能會讓掌權者以及所屬的農民為了捍衛自己的土地資產並因此和外族發生死亡衝突的機率大幅提高。

如此看來，分工雖然能夠促進生存繁衍，但是卻不必然會為個體帶來幸福。雖然分工可以提升產能、增加效率、並造成人口和經濟成長，但是這種成長往往都是非常殘酷冷血的「數字成長」與分配不均。分工後的農業革命雖然帶來了資源成長，但是資源卻落入了少數人手中，剩下的資源則在「僅能溫飽」的邊緣不斷的推升人口數量。隨之而來的辛勞、疾病與戰爭，可以說是完全剝奪了個體的幸福感。

不過，在多細胞生物演化的早期過程中，沒有人會考慮「幸福」這件事，而「分配不均」也不會有人在意。的確，在多細胞生物演化的過程中，分工為生物體帶來極大的效率，但也正是因為分工，才讓神經細胞有了「控制」其他細胞的機會。身體中其他各種細胞就像農民一樣，在分工的美名之下逐漸喪失了自由，最後全部變成了神經細胞的共生囚犯。神經細胞和神經系統，可以說是這場早期分工遊戲中的掌權者與最大贏家。

神經系統的現身

在分工出現之前，多細胞生物的最大優勢，就是能夠較有效率的使用資源以及擁有較大的體型。不過，和單細胞生物相比，這種優勢只能說是一種「量」的優勢，而不是「質」的優勢。

但是在分工出現後，多細胞生物就出現了質變，不僅在數量上擊敗了單細胞生物，更在本質上出現了變化。更重要的是，分工的現象一出現，神經細胞就馬上逮住了這個千載難逢的機會，開始「宰制」其他細胞。

分工與宰制的發生史

一旦細胞出現形態上的分工，神經細胞就開始一步步透過它的特殊能力來奪取權力。我們之前說過，神經細胞本來就是細胞中的勝利組，它們能夠使用電位變化在細胞內快速傳遞訊息。更重要的一點是，電位變化不只可以被用來在細胞內快速傳遞訊息，更可以透過突觸來影響或「操控」其他細胞。

但是，最早的細胞分工如何開始？最早的神經細胞和神經系統如何出現？細胞之間的「操控」又是如何發生？因為沒有化石可以告訴我們這個過程，所以沒有人知道真相。不過，科學家提出了一些可能的假說。

帕克假說

一九一九年，哈佛大學的動物學家帕克（George Parker）在研究了各種刺細胞動物（例如水母、水螅、珊瑚和海葵）後，首次提出了神經細胞可能經歷的四個演化階段。一九七〇年，美國維多利亞大學的生物學家麥基（George Mackie）更進一步對此理論進行修改。

根據麥基的理論，神經細胞演化的第一階段，就是刺細胞動物身上開始出現特殊的原始表皮細胞。這些細胞會對外來刺激做出收縮反應，而且這些表皮細胞彼此之間也可以透過電子訊號通過電突觸相互影響，就和海綿體細胞之間相互傳遞訊息的方式一樣。

進入演化的第二階段時，這些會收縮的細胞退到第二線，躲到了第一線表皮細胞之下。這些可以收縮的第二線動器細胞仍然通過電突觸和不會收縮的第一線表皮受器細胞相連。這種「受器動器相連系統」（receptor-effector system），就是最早的神經系統原型。

到了第三階段，第一線的表皮細胞和第二線的收縮細胞之間出現了「原型神經細胞」（proto neuron），這種原型神經細胞是一種「感覺運動神經細胞」，負責從第一線的表皮細胞接受訊息，同時把資訊傳達給第二線專司收縮的肌肉細胞。

第四階段時，原型神經細胞開始分化成「感覺神經細胞」和「運動神經細胞」，化學突觸也在這個階段開始出現。到了水母以及軟體動物身上，更進一步演化出「中間神經細胞」（intermediate neuron）以及更複雜的神經網絡。

潘亭假說、帕薩諾假說與其他理論

在神經系統源起的學術爭辯中，帕克假說長時間盤踞了主流學說之位。但是由於眾人一直無法在化石或現存生物身上找到「受器動器相連系統」的實存證據，因此在二十世紀後期，質疑聲浪四起。

一九五六年，劍橋大學的動物學家潘亭（C.F.A. Pantin）提出了另一個假說，他認為最早的神經系統可能不是由連接表皮細胞和動器之間的神經細胞演化而成，而是由負責協調多細胞生物運動的某種「神經網」所演化而成[13]。這種神經網可能很類似海葵體內的神經網絡，其主要的重要功能之一就是負責產生、並整合身體各部位的運動。潘亭認為，這種形態和功能的神經網才是最原始的神經系統，至於受器與動器之間的連結和反射式反應，應該是在神經網出現後才演化出來的功能。

一九六三年，耶魯大學的生物學家帕薩諾（L.M. Passano）也提出了不同的理論。他認為最早的神經系統可能是用來控制肌肉集體收縮的一種「節律產生器」（pacemaker）[14]。當許多原型肌細胞剛開始聚集在一起時，其中的某些原型肌細胞可能會因為擁有較不穩定的細胞膜而開始出現自發性且規律的去極化現象，這種類似「節律產生器」的活動可以影響並協調周圍其他原型肌細胞的收縮，讓生物體可以產生較有效率的節律性動作，例如某些運動和進食行為。根據這個理論，神經細胞的最原始功能是可以產生節律的「節律產生器」，至於接收外來訊息和遠距離傳訊的功能，則是較晚才演化出來的功能。

也有其他理論認為，神經細胞的原型可能是可以分泌化學物質的細胞。這些細胞所分泌的化學物質可以經由細胞膜上的離子通道來影響周遭細胞，當稍晚演化出電位傳遞能力後，才得以利用這些早已存在的化學通道。因此，用化學訊息傳遞來操控其他細胞的能力，可能早於電位傳遞能力[15]，或者至少兩者可能是同時演化出來的[16]。

總而言之，關於神經細胞的原型目前仍是眾說紛紜。但是無論如何，這些原型神經細胞在不斷分化、分工、連結與擴張後，終於形成神經網絡，它們一手從表皮和各種感官細胞接收資訊，另一手控制著肌肉細胞，儼然成了雄霸一方、喊水結凍的地方角頭。

兩次神經系統的獨立源起？

除了上述的細胞發生學角度，我們也可以從種系發生的觀點，來看看神經系統最初的演化歷程。同時，我們也可以檢視一下「神經系統只有過一次源起」的這個說法是否正確。

一般認為，在現存的多細胞動物中，海綿剛好就是演化出神經細胞前的關鍵生物。

海綿屬於多孔動物門，是最原始的後生動物之一。海綿擁有不同形態的細胞，例如外層細胞、內層細胞、造骨細胞和生殖細胞等，就是獨缺神經細胞。不過，海綿受到刺激時，體內的細胞已經可以使用電子方式，通過電突觸快速把訊息傳遞給附近的其他細胞，因此海綿其實已經具備了形成神經細胞的條件與環境。

到了較晚才分支出來的櫛水母動物以及刺細胞動物身上，我們終於可以看到真正的神經系統。櫛水母動物和刺細胞動物身上都有簡單的分散式神經網（diffuse nerve net），可以負責感知、收縮、運動以及捕食[17]。

好了，以上就是傳統的生物學看法。原本大家以為櫛水母動物和刺細胞動物在演化上出現的時間很接近，且都比多孔動物要晚，其神經系統也系出同源，沒想到最近的幾項研究卻發現了驚人的相反結果：櫛水母在演化上出現的時間似乎遠遠早於刺細胞動物，甚至比多孔動物還早，而且櫛水母的神經系統似乎也不同於刺細胞動物及其以降，包括人類的神經系統，甚至有可能是完全獨立演化出來的不同系統！

此結果一出，眾皆譁然。

第一項驚人之處，就是櫛水母在演化上出現的時間竟然早於多孔動物。原本大家根據形態分析，以為櫛水母在演化上出現的時間應該晚於多孔動物，大約和刺細胞動物出現的時間相當。但是佛羅里達大學的神經生物學家莫羅茲（Leonid Moroz）和美國國家基因體研究所的拜克薩維尼斯（Andreas D. Baxevanis）各自透過基因定序分析了兩種櫛水母的基因，發現演化上應該是先分支出櫛水母動物（Ctenophora），然後再分支出多孔動物（Prorifera），接著是扁盤動物（Placozoa）、刺細胞動物（Cnidaria），最後才是兩側對稱動物（Bilateria）[18、19]。

第二項驚人之處，就是櫛水母的神經系統有可能是完全獨立演化出來的不同系統！在上述五種生物身上，共有三種生物擁有神經系統，就是最早出現的櫛水母，以及最後出現的刺細胞動物和兩側對稱動物。而介於中間的多孔動物和扁盤動物則沒有神經系統。

現在問題來了，為什麼最早分支出來的櫛水母有神經系統，但是接下來的多孔動物和扁盤動物卻沒有，而更後面才分支出來的刺細胞動物和兩側對稱動物卻又有神經系統

舊觀點：↓多孔動物
↓扁盤動物
↓刺細胞動物＊
↓櫛水母動物＊
↓兩側對稱動物＊

新觀點：↓櫛水母動物＊
↓多孔動物
↓扁盤動物
↓刺細胞動物＊
↓兩側對稱動物＊

＊：代表擁有神經系統

呢？

其中不外乎兩種可能性，第一種就是在櫛水母動物分支之前，生物的遠祖就已經有神經系統，而接下來分支出來的五種生物也都有神經系統，但是多孔動物和扁盤動物的神經系統可能因為某些因素退化掉了。第二種可能性，是生物的遠祖沒有神經系統，而且前三種分支也都沒有神經系統。一直到要分支出刺細胞動物之前，神經系統才出現。而櫛水母現在身上的神經系統，則是牠們在分支後才獨立演化出來的。

那麼有沒有辦法可以檢驗這兩種可能性何者為真呢？有的，方法就是檢視櫛水母和最後兩種生物的神經系統相似性。如果第一種說法為真（如果生物的遠祖在櫛水母動物分支之前就已經有神經系統），那麼由於各種生物的神經系統系出同源，櫛水母的神經系統應該和最後兩種生物的神經系統有相當程度的相似性才對。結果發現，兩者似乎有著不小的差異。

透過基因和生理分析，科學家發現櫛水母神經系統的運作方式相當獨特。比方說，各種動物身上都擁有發育神經系統所必需的關鍵「*HOX* 基因」，但是櫛水母卻沒有。讓兩側對稱動物的突觸可以正常運作的「neuroligin 蛋白」、「CASK 蛋白」、和「Erbin 蛋白」，在櫛水母身上也找不到。其他生物用來合成「兒茶酚胺類」神經傳導素（例如多巴胺、腎上腺素與正腎上腺素）所需的重要酵素，櫛水母也沒有。有鑑於此，莫羅茲便大力提倡「神經系統在演化中有兩次獨立源起」的說法。

不過，「神經系統在演化中有兩次獨立源起」這個充滿爭議的說法，目前仍未定案。畢竟，雖然櫛水母缺少某些在一般神經系統中必需的關鍵基因和蛋白質，但是它和其他神經系統重疊的基因和蛋白質仍然不少[20]。目前看來，可能還需要不少的研究才能確定這項充滿爭議的說法是否正確。

身後士卒、以鄰為壑

無論如何，雖然神經細胞和神經系統最初的演化歷史真相仍不明朗，但我們可以確定的是，這些原型神經系統在不斷的分工和物競天擇之後，已然成了杖節把鉞的顯赫權貴。它們一手把持感官細胞以獲得資訊，另一手操弄著肌肉細胞以控制身體運動。

分工的過程讓神經細胞變成魚肉鄉民的地方霸王，但是神經細胞似乎並沒有因此而感到滿足。在演化的壓力逼迫之下，神經細胞就像是野心勃勃的狼子一般，想要「入主中原」——進入身體的中央內部。畢竟，入主中原才能脫離邊疆，也才能擁有更多的資源以及更安全的周邊屏障。於是我們可以看見，神經細胞開始逐漸躲到各種體細胞的身後，成了以鄰為壑、身「後」士卒的最佳表率。

這個現象在演化過程中屢見不鮮。在演化時，有些神經細胞不斷的從前線往後方撤退，這些神經細胞除了把許多體細胞推往前線，更把一些同類也留在前線。那些被遺留在前線的神經細胞，無奈的變成了主要感覺神經細胞（例如視網膜上的感光細胞和耳蝸裡的毛細胞），至於撤退後方的神經細胞，最終則演化成為得以號令群雄的總司令：中樞神經系統中的神經細胞。

為什麼這些神經細胞要往後方撤退呢？這是因為這樣做可以為物種帶來演化上的優勢。或者反過來說，神經細胞沒有撤退到後方的物種，都在演化的過程中被淘汰了。因為如果把中樞神經細胞暴露在外，那麼一旦受損，就會出現嚴重的功能障礙，相對的，如果把容易修補和重生的體細胞擺在外側，他們就可以為中樞神經細胞提供周全的防護，該物種就更有機會可以不受干擾的發展出強大的神經網絡來為物種生存提供助益。

此外，當我們比較各種物種的演化歷史時，我們也會看到神經細胞在演化過程中不斷的往身體中央靠攏。例如在環節動物蚯蚓身上，感覺神經細胞是坐落在表皮之中。到了軟體動物蝸牛身上，感覺神經細胞就已經移動到表皮底下，以避免來自體外刺激的直接損害。到了脊椎動物原始魚類身上，感覺神經細胞已經非常靠近脊椎。至於兩棲類、爬蟲類、鳥類和哺乳類，感覺神經細胞則是已經聚集在脊椎旁的背神經節之中（圖五）。

神經細胞不斷的往身體中央靠攏的原因無他，就是因為這樣做可以為物種帶來生存優勢。畢竟，體細胞小兵（例如皮膚細胞）可以推出去當炮灰、坦傷害，如果它們真的扛不住傷害而不幸陣亡，還可以再生出更多的體細胞重新補上，相較之下，神經細胞司令一旦死亡了就很難再生，整個身體立刻就會群龍無首。

就這樣，神經細胞一邊操控著體細胞，一邊安穩的躲入後方皇城之中。

憑君莫話封侯事，一將功成萬骨枯。堅持死道友不死貧道的鬥爭佼佼者，原來就是我們每個人都擁有的中樞神經細胞。下次要指責政客長官們總踩在我們的屍體爭權奪利之前，別忘了這幾十億年來，我們自己腦中的神經細胞和祖先們，其實也是如出一轍的箇中高手！

分工導致多功能神經網絡的出現

分工除了讓細胞們各司其職以提升生存效率，也讓神經細胞獲得了首領的位置。其中有一些神經細胞甚至還躲到了後方堡壘之中，成了防衛周全的大頭目。不過，雖然守衛固若金湯，這些中樞神經細胞畢竟還是面臨著演化的壓力，它們仍然必須對生物體做出貢獻，因為如果只是尸位素餐，它們終將會成為累贅而被演化淘汰。

在這樣的壓力下，這些退居後方的中樞神經細胞聚集連結在一起，繼續不斷的分化、連結，並開始彼此操控，最後終於形成了神經網絡。在面對原始自然環境中最棘手的三大生存問題時，神經網絡奇妙的演化出生物世界中前所未見的特殊應對能力。

以下我們就來看看原始多細胞生物所面臨的三大生存困境：（一）細胞之間缺乏整合、（二）面對重複刺激、（三）面臨多重選擇。同時我們也來看看神經網絡針對這些困境所演化出的應對方式：系統性運動、記憶和決策。

第一項生存困境：細胞之間缺乏整合

在早期的自然環境中，許多多細胞生物都面臨著一個艱苦的困境：細胞之間缺乏整合。尤其是在個體需要運動的時候。大家可以回想一下，以前在運動會上常常會出現的「齊心協力」遊戲：一整排人的腳都和旁人的腳綁在一起，然後必須協力移動腳步才能順利前進。在這個遊戲中，通常大家必須一齊喊著「一、二、一、二」才能保持腳步一致。同樣的，早期的多細胞生物在運動時也面臨著同樣的問題。

沒有神經系統的多細胞動物如海綿，受到刺激時也會收縮運動，但是這種反應是非常局部的。如果想要有跨越多細胞的整合協調運動，那就必須依靠神經系統來讓大家行動一致才行。在刺細胞動物身上，例如水螅、水母和海葵，都擁有簡單的分散式網狀神經網絡，當身體的其中一部分受到刺激時，訊息就會沿著神經網絡傳遞到全身其他部位的神經細胞。

而這就是原始神經網絡最重要的功能之一：整合協調運動。神經細胞可以傳送訊息給負責收縮的肌肉細胞來執行運動功能。這種訊息的傳遞模式非常簡單，可以說是反射式的動作，這樣的動作只需要單一一個神經細胞把資訊傳給眾多肌肉細胞就能夠完成。但是大家可別小看這個簡單的功能，這種不起眼的反射運動，可是讓生物的應變能力出現了巨大的提升。

以海葵（sea anemones）為例，當海葵的身體受到刺激時，神經細胞就會發出訊息讓纖維細胞收縮，身體就可以暫時遠離可能造成危害的刺激物。此外，當海葵的觸手受到刺激時，則會反射性的射出含有毒液的魚叉，麻痹觸手旁的小魚。由此可見，小小的神經反射運動，就足以幫助生物更有效率的趨吉避凶。

這種簡單的神經反射運動，在擁有分散式網狀神經網絡的水螅、水母和海葵等刺細胞動物身上都很常見。但是如果想要更進一步的發展出較高階的能力，單靠分散式神經網絡是不夠的，還必須要發展出集中式的神經網絡以及「中間神經細胞」才行。

事實上，在水螅身上的幾個特定位置，例如腳、嘴、和觸手根部，都已經可以見到簡單的神經聚集，我們稱之為「神經環」（nerve rings）。在水母等比較複雜的刺細胞動物身上，神經環更是明顯。這些擁有中間神經細胞的神經環有什麼特殊功能呢？

第二項生存困境：重複出現的刺激

如果只懂得透過動作來趨吉避凶，但是卻沒有記憶、記不住教訓，這種生物肯定很難生存下去。尤其是當環境之中的相同刺激總是一而再、再而三的出現時，無法透過記憶來應對的生物，就顯得非常沒有效率。而神經網絡能夠提供的另一項重要生存能力，正是記憶。大家或許以為記憶能力需要很複雜的神經網絡才能做到。但事實上，只需要兩個神經細胞和一個突觸，就可以產生簡單的短期記憶。

比方說，假設有一個簡單的反射式神經迴路，其中只有一個感覺運動神經細胞和一個肌肉細胞。現在，我們只要在感覺運動神經細胞和肌肉細胞之間再加入一個可以接收感覺運動神經細胞刺激，並且可以同時自我刺激的「中間神經細胞」，那麼由感覺運動神經細胞傳給中間神經細胞的訊息，就可以在中間神經細胞刺激下一個肌肉細胞的同時，一直不斷的自我刺激，然後讓肌肉細胞持續收縮。這種「在外界刺激消失後仍能持續做出反應」的能力，就是短期記憶的原型。

第三項生存困境：多重選擇

生物面臨的另一個重大問題，就是環境中常常會出現多重選擇。面對這個難題，神經網絡也巧妙的演化出「決策能力」來應對。事實上，簡單的決策能力只需要非常少的神經細胞——六個——就可以完成。

決策能力是如何透過只有六個神經細胞的神經網絡來達成呢？大家可以先想像一下，有一隻簡單的生物擁有兩組上述的記憶型神經迴路，每一組迴路中都有一個感覺運動神經細胞、一個中間神經細胞以及一個肌肉細胞。其中一組位於身體左側，負責讓左側的肌肉細胞收縮，另一組位於身體右側，負責讓右側的肌肉細胞收縮。

現在問題來了，如果兩側的神經細胞同時受到刺激，那兩側的肌肉該同時收縮嗎？

如果左右的刺激一大一小，肌肉細胞又該如何反應？如果同時收縮，那這種生物似乎就不夠聰明，因為這樣明顯會浪費能量。

要解決這個問題很簡單，只需要再加入兩個「抑制神經細胞」就可以了。當任何一個中間神經細胞受到刺激時，它除了會自我刺激，也會刺激一個抑制神經細胞，然後把抑制訊息傳給身體另外一側的另一個中間神經細胞。在這樣的設計之下，如果兩側的感覺運動神經細胞都受到刺激，那最後兩個中間神經細胞就都會被抑制，結果就是沒有任何肌肉細胞會收縮。

如果兩側的刺激一大一小，刺激較強的一側就會完全抑制另外一側，導致只有刺激較強一側的肌肉細胞會收縮。由此可見，簡單的六個神經細胞，就可以做出簡單而有效率的決策行為（圖六）！

透過不斷的演化，這種簡單的短期記憶和決策能力，就會變得愈來愈複雜，能夠解決的問題也愈來愈多，各種複雜的認知能力也開始從演化中逐漸浮現。

高築牆、廣積糧、緩稱王

大家看到這裡，應該可以發現，早期神經系統的其中一種演化方向，完全就是奉行著明太祖朱元璋的開國三策：高築牆、廣積糧、緩稱王。

高築牆，就是把體細胞們推往前線，然後自己找到一個安全的地點保命優先。命保住了，才有發展的機會。廣積糧，就是要不斷的囤積實力、招兵買馬、廣納智者賢良，有足夠的神經細胞聚集在一起，才能有機會演化出不同的認知能力。緩稱王，就是不要太出鋒頭、不要急著把體細胞的資源盡數剝奪，透過持續的共生來累積實力，才是上策。

換個現代一點的方式來說，神經系統的「演化方向」之一，就是「身後士卒、集權中央」。因此在早期的演化過程中，我們可以看到某些生物的神經系統逐漸由地方自治的分散式神經網絡，轉變成中央集權的集中式神經網絡。而且集中式的神經網絡，也愈來愈往身體中央較安全的地方靠攏。

體細胞揭竿起義

然而，體細胞畢竟也不是省油的燈。在原始的生存環境中，生物的行為仍然非常簡單，因此，決策和記憶這種高階能力並沒有明顯的競爭優勢。甚至連系統化的運動能力都已經稱得上相當奢華。一般來說，基本的反射式神經動作就足以趨吉避凶，就可以讓生物體繁衍存活。

也正因為此時神經細胞的貢獻仍嫌不足，體細胞在這個演化時期揭竿起義、推翻神經細胞的現象，時有所聞。

比方說：海鞘。海鞘是一種海洋原始脊索動物，其化石最早可追溯至寒武紀。海鞘的幼蟲擁有簡單的腦與神經索，但是，當牠找到適當的地點後，牠就會固定生根並消化掉自己的神經索。為什麼海鞘要這麼做呢？科學家猜測，中樞神經系統的最初功能可能是用來行動以及提供行動所需的各種資訊。當海鞘透過中樞神經系統找到適當的位置並生根後，就不需要再靠中樞神經系統來進行系統化的行動，因此體細胞就揭竿起義、推翻了神經細胞的統治，結果就是神經索被消化掉，把資源騰出來給其他的體細胞和生理系統使用。

不過在演化的競賽更加白熱化之後，許多生物的複雜度逐漸上升，生物間的爾虞我詐也導致生存愈來愈不容易。此時，在某些較難攻克的生物棲位之中，各種仰賴神經系統才能展現的高階認知能力也就顯得加倍重要，雖然偶爾還是會見到有些生物演化出頭部退化的生存策略（例如許多貝類），但是整體來說，這種體細胞推翻神經細胞統治的例子已是越益罕見。

在熬過了體細胞揭竿起義的時日之後，中樞神經系統總算可以說是安坐龍椅，徹底掌握了對體細胞的控制權。在不斷「以鄰為壑」、「身後士卒」以及「集權中央」之後，分散式神經網絡逐漸轉變成集中式神經網絡，並且開始聚集在身體中央較安全的地方。

在這樣的演化氛圍下，脊索動物終於粉墨登場。

脊索動物登場

目前已知最原始的脊索動物，就是文昌魚（Lancelets）。文昌魚雖然有個魚字，但其實並不是魚類。魚類屬於脊索動物門中的脊椎動物亞門，而文昌魚則是頭索動物亞門。根據定義，魚類是擁有脊椎的，其中樞神經系統受到脊椎骨和頭骨的保護。相較之下，文昌魚則沒有脊椎骨和頭骨，它擁有的是一條可以用來撐直身體的「脊索」（notochord），其中樞神經，也就是神經索，則位在脊索的背面，看過去即是身體的上方。

文昌魚和後來的脊椎動物一樣，都有內含運動神經的腹結，以及內含感覺神經的背結。科學家還發現，雖然文昌魚的「腦部」並沒有像我們這樣特別膨大，但是從分子結構上來看，其腦部已經可以區分為前腦、中腦、後腦、腦幹以及脊柱。文昌魚的前腦，甚至已經可以接收視覺刺激。從相對位置上來看，其中一個視覺刺激是來自松果眼（頂眼），另一個視覺刺激則是來自前眼點（frontal eye spot），也就是一般脊椎動物雙眼的前身。

脊索動物現身之後，中樞神經系統仍然不斷在安全的「大後方」運籌帷幄。

雖然神經細胞的確是貪生怕死，但是這些退居後方皇城的中樞神經細胞們並不是扶不起的阿斗，而更像是具有雄才大略的康熙大帝。在中樞神經系統的奇才領導之下，生物將會在接下來的演化競爭中展現出過人的生存適應力，各種感官知覺與高階認知能力，都將會逐一在演化競技場中現身。畢竟，「安內」只是皇圖霸業的其中一小部分，更強大的演化壓力，其實是來自個體之間和物種之間的演化競爭。為了順利「攘外」，神經細胞帶領著體細胞們展開了一場前所未見的大腦軍備競賽。大腦與大腦之間的「饑餓遊戲」，正準備全面啟動。

第三章 窮兵黷武的競賽

武器就像金錢，永不嫌少。

——英國小說家阿米斯

在「身後士卒、集權中央」的演化要領之下，神經細胞很快就聚集成神經系統，並由地方自治的分散式神經網絡，轉變成中央集權的集中式神經網絡，而且它們也愈來愈往身體中央較安全的地方靠攏，並形成脊索。於是，最早的脊索動物就出現了。

原始脊索動物的神經索，其實還看不到「腦」的蹤跡。也就是說，整條神經索從頭到尾的粗細都差不多，頭部的神經索並沒有特別大。在這個演化階段中的生物面臨了一個困境：無法把大部分的資源集中用於資訊最豐富之處，換言之，就是不能物盡其用。

要了解其中緣由，我們就必須先來分析一下當時生物的運動模式。看看到底是什麼樣的演化因素，導致現今生物的許多重要感官和神經細胞都往頭部集中。

注意前方

由於生物在運動時，通常會以身體的某一端作為前進端。因此前進端的資訊對於運動、獵食、躲避、尋找配偶等行為就顯得格外重要。在僅擁有原始神經索的生物身上，前進端的神經索並沒有特別發達，牠們也因此陷入了無法物盡其用的窘境。不過在演化的壓力下，這個狀態迅速出現改變，在身體前進端有較強感官能力的生物很快脫穎而出。

想要讓身體的前進端出現較強的感官能力，就必須擁有兩個要素。第一個要素，就是要把感覺受器放在身體的前進端，例如置於前端的感光系統、嗅覺系統等。另一個要素，就是要擁有專門用來處理這些感官資訊的特化神經網絡。

當感覺器官和前端特化的神經區域都出現之後，身體的前進端才稱得上是真正的

「頭部」，此時生物也開始演化出內在定位系統，如此才能隨時知道頭與身體的相對位置，以利於運動和轉向。於是神經索前端的「腦」終於有了雛形！

最原始的腦，就只是神經索前端的三個特別發達的區域：前腦（forebrain）、中腦（midbrain），和後腦（hindbrain）。前腦負責處理嗅覺和視覺，後腦負責處理來自頭部的感覺（觸覺和味覺）、內臟感覺、平衡感以及聽覺。至於中腦，則負責整合感覺資訊以進行轉向和逃跑等運動控制。

在人腦中，前腦演變成了大腦皮質、邊緣系統、視丘和下視丘。後腦演變成小腦、橋腦和延髓。中腦則包括了上丘與下丘，分別和視覺與聽覺訊息處理有關。

先安內：集權、集權，再集權

在第二章的最後，我們曾經看到體細胞的最後反撲。現在，在由簡單生物逐漸演化成複雜人類的這條路上，神經系統已經演變成中樞神經系統，而體細胞也已經完全喪失了革命能力，只能乖乖服從神經系統的領導。除此之外，體細胞和其他生理系統的某些

「權力」，也正在被中樞神經系統一步步的蠶食鯨吞。

比方說，在神經系統出現之前，生物體對環境刺激做出的運動反應必須依靠地方自治：局部的神經和肌肉活動。當一個部位被刺激時，只有該部位的肌肉能夠做出回應。但是在神經系統介入接管之後，局部的刺激就會被傳導回中樞神經系統，幫助生物體做出更全面且靈活的反應，成為中央集權的模式。

在生存競爭的過程中，這種「中央集權型生物」的可塑性和應變彈性遠遠超過了「地方自治型生物」[1]。以海綿為例，由於缺乏中樞神經系統，牠們在受到刺激時，身體只有在受刺激的部位會出現反射式的局部收縮。相較之下，具有複雜中樞神經系統的生物如人類，在受到刺激時，則會根據周遭的其他資訊做出多樣化且充滿彈性的回應，例如肩膀受到觸碰時，我們可能會根據當時的環境而選擇無視刺激、熱情回應，或做出防衛性的反應。

同樣的，神經系統出現前的內分泌機制，也是宛如軍閥一般、四處割據為王。例如在海綿以及扁盤動物門中的絲盤蟲等沒有中樞神經系統的生物身上，可以觀察到各種能夠分泌荷爾蒙的表皮細胞[2]。在這些生物的身體中，有許多部位的細胞都有內分泌的能力，這些部位彼此協調不易，而且各種荷爾蒙都必須透過緩慢的擴散，才能影響到身體其他部位。

中樞神經系統發展出來後，很快就把內分泌系統的主導權收回手中。前腦中的下視丘和腦下垂體，變成了內分泌系統的首腦，強力主宰了身體的內分泌系統。至於體內的各種消化、循環、呼吸等系統，也在交感神經和副交感神經的支配下，全面俯首稱臣。

後攘外：軍備競賽正式開始

中樞神經系統大權在握之後，內部始稱安定。但是，巨大的演化壓力仍然不斷來自個體之間的競爭。當各種生物都開始出現神經系統之後，同類個體之間的生存競爭，以及不同種類生物之間的掠食與逃生競賽，也變得愈來愈白熱化。此時神經系統一方面強化自身對於內部資源的掌控，同時也積極把取得的資源用於大腦的軍備競賽，以便和其他個體競爭。而這場大腦軍備競賽，可能正是知名的「寒武紀生命大爆發」（Cambrian explosion）的始作俑者。

寒武紀生命大爆發

寒武紀時期（Cambrian period）距今約五百四十二億年前。根據世界各地的化石群證據，在寒武紀短短的前後兩千萬年之內，物種化石出現爆炸性的增長，動物界大多數的「門」幾乎全部都出現在這一個時期。

最早的寒武紀化石紀錄，是一六八九年牛津博物館的三葉蟲化石。在一八五九年達爾文（Charles Darwin）寫下《物種起源》*前，各種關於寒武紀生命大爆發的化石證據就已經相當明確。達爾文對於寒武紀大爆發的現象，一直感到頭痛不已，他認為這個現象可能是對演化論學說的最大挑戰。在《物種起源》中他也坦言：「為何寒武紀之前沒有豐富的化石，我提不出令人滿意的答案。」

甚至到了今日，寒武紀大爆發的原因依然成謎。

有些人完全否定寒武紀生物大爆發。他們認為，生物物種其實一直以持續穩定的速度在演化，但因地球在寒武紀之前沒有穩定的岩層，所以不容易形成化石。另一種類似的想法認為，生物可能在寒武紀時才演化出堅硬軀殼，因此才能形成化石。換言之，寒武紀大爆發並不是物種大爆發，而只是化石大爆發。

也有人認為，寒武紀大爆發真的是物種上的大爆發。他們主張寒武紀時期的地球大氣中，可能已經出現臭氧層，並且累積了足夠的氧氣，因此當時的環境或許極有利於生物生長，而導致新物種爆發。另外也有理論認為，當時可能出現了物種入侵而導致演化波動，例如某些掠食性動物可能無意間侵入了原本穩定的生態系統之中，導致演化壓力上升，並因此促進了生態系統中的物種歧異度。

還有一些理論認為，上述其中幾種因素可能同時都成立。例如生物學家派克（Andrew Parker）在二〇〇三年提出了「光開關」理論（light switch theory）[3]，他認為當寒武紀的三葉蟲演化出第一隻眼睛時，生存環境立刻出現了劇變。擁有視覺的三葉

＊感謝王道還教授指出，本書最早的中譯本譯者是馬君武，書名為《物種原始論》。

蟲，搖身一變成為最頂尖的掠食者。為了抵抗視覺生物的襲擊，各種生物們開始演化出堅硬的外殼，因此他們才有機會形成化石保留下來。

換言之，「光開關」理論認為寒武紀大爆發的最初演化驅力之一，就是因為眼睛的誕生。眼睛的誕生，讓視覺首次成為掠食武器，掠食者也因此得到升級。為了對抗這種二·〇版的掠食者，其他生物必須各出奇招，設法對抗或逃脫掠食者的攻擊。是故物種才會大量演化而生，而且其中的一項「硬殼抵禦」方式，剛好讓牠們得以留下化石證據。

不過，眼睛其實只是大腦各種感知軍備中的其中一項而已！生物的感知能力，可以根據受器的本質而區分成化學感知（chemoreception）、機械感知（mechanoreception）、熱感知（thermoreception）以及光感知（photoreception）四大類。

顧名思義，「化學感知」就是透過受器來偵測某些化學物質，例如味覺系統偵測食物中的化學分子、嗅覺系統偵測空氣中的氣味分子，以及自主神經系統無意識的偵測二氧化碳和葡萄糖等化學物質的能力。「機械感知」則是透過受器來偵測機械式的能量變化，例如身體中的本體感覺系統偵測身體的位置、皮膚上的觸覺系統偵測接觸到的壓力變化，以及聽覺系統偵測空氣中的振動能量等等。「光感知」是透過視覺系統偵測光線變化，「熱感知」則是透過熱能受器偵測溫度。

接著我們就來看看，大腦這幾項關鍵感知能力的軍備競賽內幕究竟為何？它們又為生物帶來了怎樣的生存繁衍優勢？

化學偵測

早期生物面臨到的基本生存挑戰，就是覓食、逃命與繁衍。在神經系統尚未找到有效方法來完成這三項困難的活動之前，可以說是吃盡了苦頭，因此而命喪黃泉者，多如過江之鯽。所幸在經過不斷的試誤之後，大腦很快就掌握到一種可以用來同時處理這三項作業的能力：化學偵測能力！

化學偵測能力為何重要？其理由就在於生物本身就是由化學分子所組成，因此無論是想要偵測環境中是否有可食用的獵物，是否有掠食者，或者有無同種的異性伴侶，都可以透過偵測這些獵物、掠食者或伴侶身上必然存在的化學分子來完成。由此可知，化學偵測能力可以算是最基本且最關鍵的一項重要能力。而這也是單細胞生物以降，所有的生物都有化學感知能力的原因。

現在我們就先來看看三種最根本的化學偵測能力：無意識的化學偵測能力，以及有意識的味覺和嗅覺。

化學偵測能力之一：無意識的化學偵測能力

有些化學偵測能力會產生味覺，有些會產生嗅覺，但是並非所有的化學偵測能力都會伴隨著知覺意識。有一些化學偵測能力，其實會透過自主神經系統，以無意識的方式去調節生理狀態。

很多人以為無意識的化學偵測能力就比較不重要，但事實上有好幾種不會產生任何意識知覺的化學偵測能力，都扮演著非常「要命」的維生角色。例如在脊椎動物身上，就有頸動脈體（carotid body）負責偵測血液中二氧化碳，並據此來反射性的調節呼吸。下視丘和腸胃道中則有受器可以偵測葡萄糖以調節血糖濃度[4]。在腦極後區（area postrema）也有受器可以偵測毒物並誘發反射性的嘔吐，好讓我們在中毒時可以即時把毒物排出體外。

至於為什麼這些「攸關生死」的化學偵測能力會是無意識的，目前沒有人曉得原因，或許它們是較早演化出來的能力、但意識則較晚出現，又或許正因為它們是「攸關生死」的能力，因此才被演化塑造成一種類似反射的無意識反應。關於這個問題我們現在暫且擱下，先來看看其他有意識的化學偵測能力。

化學偵測能力之二：味覺

在會產生意識知覺的化學偵測能力之中，最讓大家痴心嚮往的應該就是味覺。對我們這些每天追求口腹之欲不遺餘力的食客來說，當然都知道主觀的味覺感受是什麼，但是你知道味覺的客觀生物學定義是什麼嗎？事實上，味覺的客觀生物學定義到現在都一直還在爭議之中。

爭議中的味覺定義

生物學家目前對於味覺的定義，主要是來自於我們對脊椎動物味覺系統的了解。一般來說，我們把味覺定義為「透過口中味蕾來偵測食物中化學物質」的能力[5]。而其中的兩個要素，就是「口」和「味蕾」。

聰明的大家一看到這兩個要素，應該就知道大事不妙，因為在沒有嘴巴的單細胞生物，以及沒有味蕾結構的無脊椎動物身上，這個定義明顯不適用。

比方說，許多單細胞生物都具有「趨化性」（chemotaxis），也就是在偵測到葡萄糖時會往該方向趨近。但是由於單細胞生物並沒有味蕾這樣特化的化學感覺終端器官，因此我們不把他們對葡萄糖的偵測能力稱作是味覺，不然此例一開，許多植物對環境中營養化學物質的偵測能力也得稱作是味覺了[6]。

不過，有許多較複雜的無脊椎動物（例如果蠅）的確具有嘴巴，也有類似味蕾的化學感覺終端器官，這些生物算不算擁有味覺呢？雖然目前大多數研究人員在研究無脊椎動物與覓食有關的化學感覺能力時，為了方便描述以及方便和脊椎動物進行比較，大多仍是以味覺稱之。但是究竟無脊椎動物的這種化學感知能力能否稱為味覺，其實仍有爭議。

例如美國科羅拉多大學的生物學家芬格（Thomas E. Finger）就主張，只有擁有真正味蕾的脊椎動物，才真的擁有味覺，其他生物與覓食相關的化學偵測能力則不能稱為味覺[7]。因為如果我們仔細檢視無脊椎動物身上類似味蕾的化學感覺終端器官時，就會發現其中的分子與細胞結構其實和我們的味蕾大相逕庭。比方說果蠅的「感覺唇瓣」（labellar sensilla）內的細胞是雙極神經細胞（bipolar neuron），其軸突會延伸到中樞神經系統中。但是人類味蕾中的細胞則是不具有軸突的特化表皮細胞。因此，這兩種化學感覺終端器官雖然相似，但卻可能是各自獨立演化出來的器官。是故，無脊椎動物的這種化學感知能力與脊椎動物的味覺可能並不相同。

不過，在此為了方便比較和描述，我們先不理會這項定義上的爭議，仍然暫時以「偵測食物中化學物質能力」來定義味覺，而不以「是否擁有真的味蕾」來定義味覺。接下來，我們就以這個較寬鬆的定義，來看看各種不同生物身上有哪些相似但卻又迥異的味覺系統。

不同生物的味覺系統

首先登場的，是演化上較早分支出來的櫛水母動物、多孔動物、扁盤動物和刺細胞動物。在這些生物身上，可以見到許多化學受器，但或許是因為這些化學受器仍然沒有完全分化，也或許是因為研究仍然不足，因此目前很難對這些化學受器進行區分。相較之下，在稍晚才分支出來的兩側對稱動物身上，我們就可以明確見到與覓食行為有關的味覺化學受器。

以兩側對稱動物中的蛻皮動物（Ecdysozoa）為例，多數的蛻皮動物通常都具有堅硬的表皮（線蟲動物和節肢動物都屬於蛻皮動物），由於表皮的功能本來就是用來保護生物之用，因此神經細胞當然不會錯過這個「以鄰為壑」的大好機會。在這些生物身上，我們通常可以看到味覺感覺細胞躲在表皮之下，然後使用樹突穿透或靠近表皮來接收化學訊號。在果蠅身上，這些化學受器不只出現在口器附近，也分布在可能會觸及食物的腳和翅膀邊緣[8]。

在兩側對稱動物中的冠輪動物（Lophotrochozoa）身上，也可以清楚見到使用味覺化學受器的覓食行為。比方說，醫療水蛭（*Hirudo medicinalis*）的吸血行為就是透過味覺所觸發的。當水蛭位於背唇中的味覺受器接觸到血液或血漿中的鹽和精胺酸（arginine）時，進食反應就會啟動[9]。專門獵殺蚯蚓的肉食性水蛭（*Haemopis marmorata*）也是透過類似的機制來追蹤蚯蚓的足跡味道[10]。

到了脊椎動物身上，味蕾終於現身。所有脊椎動物的味蕾都有以下幾個同樣的特點。第一，每個味蕾中都有許多特化的表皮細胞，其中包括了感覺細胞以及支持細胞。第二，味蕾中有些細胞會延伸至味蕾的開口處以利偵測化學物質。第三，味蕾中可以發現顏面神經、舌咽神經或迷走神經的末梢，化學訊息就是透過味蕾中的這些神經末梢傳入大腦。

為了處理龐雜的味覺資訊，大腦更是演化出專司味覺的腦區：原始腦的後腦。在許多依賴味覺的魚類腦中，時常可以見到專門用來處理味覺的膨大後腦。例如北美水牛魚（buffalofish）的後腦就有一對膨大的「迷走腦葉」（vagal lobe），此腦區專門處理由上顎的味覺受器所傳入的資訊，可以幫助水牛魚在混濁的河底尋找食物。

同樣的，在鯰魚的後腦中，也可以發現相似的結構。鯰魚的後腦中除了有類似水牛魚的「迷走腦葉」之外，還有一對「臉腦葉」（facial lobe）負責接受來自顏面神經的訊息。奇特的是，鯰魚的味蕾和顏面神經竟然遍布全身，而不是只局限在口部和臉部而已。這種特化的顏面神經和「臉腦葉」也可以幫助鯰魚透過顏面神經以味覺來偵測水中的食物和化學物質。

原始腦的後腦最後演化成人類的延髓。人類延髓中的孤束核（nucleus of the solitary tract）接收了來自顏面神經（舌頭感覺）、舌咽神經（舌咽感覺）和迷走神經（內臟感覺）的訊息，這些訊息也會傳送至其他的腦區，形成自主神經的調控迴路。

人類的味蕾與味覺

在人類的舌頭上，布滿了成千上萬個味蕾，甚至連咽喉上也有，不過我們其實看不到這些味蕾。此時你一定會好奇：那我們伸出舌頭時看到的白色突起物是什麼呢？事實上，這些突起物叫做舌乳頭（fungiform papillae），許許多多更微小的味蕾則是被埋在這些舌乳頭中。

透過味蕾，我們可以產生至少五種主要的味覺：酸、甜、苦、鹹、鮮。

很多人到現在都還以為，這五種味覺分布在不同的舌頭部位。但事實上，這乃是流傳已舊的錯誤資訊。一九〇一年，哈佛大學的心理學家波靈（Edwing G. Boring）翻譯了一篇德國論文[11]，錯誤的描繪了一張舌頭上的味覺地圖，此論文廣為流傳之後甚至也寫進了教科書，很多人便誤以為這五種味道分布在舌頭的不同位置。但是目前的研究已經證實這是一個錯誤的說法，舌頭上每一個位置都可以感受到上述的五種味道[12]。

鮮味的由來

在人類的五種主要味覺中，大家也許會對其中較不常聽聞的鮮味（Umami）感到特別好奇。事實上，鮮味的確是很晚近才被正式列入味覺的行列。一九〇八年，東京帝國大學的池田菊苗（Kikunae Ikeda）發現海帶湯中讓人感到可口的關鍵元素是麩胺酸，而且它的味道不同於酸、甜、苦和鹹，因此便取名為「鮮」。他隨後成立「味之素」公司，開始生產麩胺酸鈉（monosodium glutamate）作為食物的增味劑，這便是我們所熟知的味精。一九一三和一九五七年，池田菊苗的學生小玉新太郎（Shintaro Kodama）以及國中明（Akira Kuninaka）又分別在鰹魚片和香菇中發現了另外兩種可以誘發鮮味的物質：核苷酸IMP和核苷酸GMP。此外國中明還發現，當把核苷酸GMP與麩胺酸混合時，可以產生協同作用而出現更強的鮮味[13]，高鮮味精也就因此誕生。不過，鮮味一直要到一九八五年才正式被科學界承認為是第五種味覺。那一年，第一屆的鮮味國際會議在夏威夷召開，許多研究以嚴謹的心理物理學方式證實了鮮味的確不同於其他四種味覺[14]，鮮味也才終於列入味覺的行列。

除了上述五種主要味覺外，很多人以為由許多食物所產生的辣、涼、麻等感覺也是味覺，但是其實這些感覺並不是味蕾所產生，而是舌頭表面的其他感覺細胞所產生。比方說，辣椒中的辣椒素（Capsaicin）就不是刺激味蕾，而是直接刺激與痛覺和溫度感覺有關的神經纖維，而由於身體其他部位例如鼻腔、眼睛表面等，也有這些與痛覺和溫度感覺有關的神經，因此把辣椒塗在這些部位也會感到辣。另外薄荷、薄荷醇和樟腦等物質則會刺激和冷覺有關的神經。至於四川花椒產生的麻感，則是因為其中的山椒素（sanshool）會刺激觸覺受器以及痛覺神經[15]，其產生的感覺與五十赫茲振動頻率的物體放在舌頭上的感覺非常接近[16]。

仍在持續演化的味覺

由於在演化的過程中，生物的棲息地和覓食行為不斷的改變，因此味覺的種類也會隨之改變。比方說，魚類等生長在海水裡的脊椎動物並沒有很強的鈉離子偵測能力（鹹味）[17]，因為在海水中鈉離子根本不虞匱乏。但是當脊椎動物脫離海水進軍陸地之後，鈉離子就成了主要欠缺的養分而必須由食物中來補足[18]。也因此，陸生脊椎動物便演化出某些機制來增強鈉離子的偵測，例如透過荷爾蒙來改變味蕾中鈉離子偵測器的敏銳度[19、20]。

類似的味覺演變也曾出現在各種陸生動物身上。例如純肉食的貓科動物就沒有品嚐甜味的能力。貓科動物喪失甜味覺，可能是因為純肉飲食習性導致牠們不需要攝取糖分，因此即使甜味受器出現基因變異也不會對其造成影響（或者也有可能是先因為基因變異導致甜味覺喪失，然後才讓貓科動物演化成純肉食動物）[21]。

超級味覺者

在人類身上似乎也可以看到正在改變中的味覺。比方說有些人似乎就是「超級味覺者」（supertaster）。一九三一年，美國杜邦化工公司的化學家福克斯（Arthur L. Fox）發現，有些人對於某些物質會感覺到苦味，但有些人卻毫無感覺。福克斯的這項發現，其實完全是一個無心插柳的意外。有一天，他在裝放一種叫做苯硫脲

（phenylthiocarbamide）的化學物質時不小心撒出了一些，結果他的同事抱怨怎麼好像嚐到某種苦味，但是福克斯自己卻一點感覺都沒有[22]。在同一年的美國科學推廣協會年會上，福克斯和當時知名的遺傳學家布雷克斯立（Albert F. Blakeslee）測試了超過兩千五百名受試者對苯硫脲的感受，結果發現有六五．五%的人會有苦覺，但有二八%的人則沒有任何感覺[23、24]。

後來的研究發現，除了苯硫脲之外，丙基硫氧嘧啶（propylthiouracil）也會讓這些超級味覺者感受到苦味。原本大家都以為這些超級味覺者的敏銳度是來自於他們舌頭上較多的舌乳頭，但是最近的研究發現，他們對苦味的敏銳度其實是來自於基因的變異。美國丹佛自然科學博物館的科學家加諾（Nicole L. Garneau）對三百九十四位受試者進行了基因和味覺檢測，結果發現苦味的敏銳度和舌乳頭的密度並無相關[25]，苦味敏銳度其實是部分決定於 *TAS2R38* 基因的形態[26]。

那為什麼人類會在苦味的基因形態上有變異呢？一個可能的原因就是，對於苦味有較強的敏銳度時，或許有助於避開可能有毒的食物。不過對苦味敏感，也有可能反而會造成小孩的挑食，例如花椰菜中類似苯硫脲的硫脲（thiourea），可能就是某些超級味覺小孩不喜歡吃它們的原因。

化學偵測能力之三：嗅覺

另一種有意識的古老化學感知能力，就是嗅覺。大腦的這項能力也對生存繁衍極為重要。對人類來說，嗅覺和味覺的差異很明顯。比方說，兩者的媒介方式就完全不同：人類的嗅覺主要是用來偵測空氣中的化學分子，而味覺則是用來偵測食物或溶解在水中的化學分子。不過對於演化早期的水中生物來說，嗅覺和味覺受器接收的都是水中的化學分子，因此若以媒介方式來區分的話，這兩種感覺在當時並沒有非常明顯的本質差異。不過若是以功能來區分的話，相較於主要用來覓食與判斷食物的味覺，嗅覺的功能似乎比較多元，例如偵測環境變化、導航，以及感知周遭是否有同伴等，都可以透過嗅覺來完成。

早期的脊索動物如文昌魚，尚沒有類似人類鼻子這樣的嗅覺「器官」，牠們的嗅覺是直接透過身體上散布的嗅覺受器來偵測溶解在水中的氣味分子。雖然文昌魚早在七億年前就已經從演化樹上分支出去，可以說是人類非常非常遙遠的遠親，但是由於嗅覺一直在生存演化的過程中扮演著基本且重要的角色，因此即使是在七億年後，我們也仍可以在牠們和人類身上找到相同的嗅覺受器基因[27]。

在魚類以降的脊椎動物身上，我們就可以見到明顯的嗅覺「器官」。例如魚的頭部前端有兩個小的鼻孔。魚的鼻孔是純粹的嗅覺器官，不具呼吸功能。在兩棲類身上，嗅覺基因更是出現了重大變化。除了原本可以偵測水溶性氣味分子的嗅覺受器基因，還出現了可以偵測揮發性氣味分子的嗅覺受器基因。不過，這些可以偵測揮發性氣味分子的嗅覺受器和人類的嗅覺受器一樣，雖然說是可以偵測「揮發性氣味分子」，但氣味分子還是必須要先溶解在鼻腔內的液體中，然後才能和嗅覺受器結合。

你知道自己有幾套嗅覺系統嗎？

很多人都不知道，如果仔細分析嗅覺系統的結構和功能的話，其實可以發現我們的嗅覺系統數量並不只一套，也不是兩套，而是有三套！這三套嗅覺系統分別是主要嗅覺系統（main olfactory system）、副嗅覺系統（vomeronasal / accessory olfactory system）以及終末神經（terminal nerve）。

第一套嗅覺系統：主要嗅覺系統

所有的脊椎動物都擁有「主要嗅覺系統」。這套嗅覺系統的運作方式最為大家所熟知，就是透過鼻腔中特化上皮組織內的嗅覺受器來偵測氣味分子，再把訊息傳入腦部前方的一對嗅球。

透過嗅覺來分析環境中化學物質的濃度，有時還能幫助判斷某些事物的距離與出現的時間點（離自己愈遠，或出現的時間點遠久，偵測到的物質濃度愈低），甚至也能用來定位與導航[28]。由此可知，嗅覺愈發達，演化競爭力當然也就愈強大。也由於嗅覺極度重要，它對神經索與大腦的初期演化必定造成了很大的影響。在現今很多生物中，我們都可以在腦部前方看到一對嗅球，那裡就是大腦演化出來專門處理嗅覺訊息的第一站。

事實上，早期神經索前方膨大形成前腦的主要原因，就是為了要處理嗅覺。演化初期，嗅覺的角色極為吃重，在七腮鰻（seam lampreys，又名八目鰻）和盲鰻（hagfish）等古老的無頜類脊椎魚腦中，我們可以看到腦部前端幾乎都有一半以上的區域都和嗅球相連，直到演化較後期，其他非嗅覺的訊息才開始「侵入」並開始使用這些腦區。

嗅覺訊息進入嗅球後的下一站，叫做梨狀皮層（piriform cortex）。在小型哺乳類的腦中，這個皮層從腹面看來，就像是一個梨子的形狀，故得此名。梨狀皮層位於大腦的中央內側，是屬於較原始、演化早期就已經出現的腦部結構。梨狀皮層旁邊就是與記憶有關的海馬迴，以及與情緒有關的杏仁核。這也是為什麼當我們聞到某些味道時，很容易就會勾起特定的情緒與記憶的原因。在哺乳類動物身上，嗅球中的嗅覺訊息甚至會直接傳入杏仁核，進而影響情緒、社交與求偶行為。

如同其他感官知覺一樣，演化的力量不斷在對它們進行塑造。在不少魚類、狗、倉鼠和老鼠等依賴嗅覺尋找食物的生物身上，嗅球占大腦的比率比我們人類高出許多。例如狗的嗅球就占了其大腦的〇・三一%，而人類的嗅球只占了大腦的〇・〇一%[29]。此外，由於嗅覺十分重要，嗅球中的資訊也在演化的過程中開始逐漸傳送到其他腦區，例如運動神經系統和負責內分泌的下視丘，如此才能有效透過嗅覺來直接影響覓食、求偶、逃生、社交、育兒等行為。在大腦較複雜的生物身上如人類，有些嗅覺訊息也會先傳入視丘，之後再回傳到新皮質中，以進行更複雜的分析，幫助生物進行預測和計畫等行為。

第二套嗅覺系統：副嗅覺系統

在脊椎動物中的許多四足動物身上，我們也可以見到第二套嗅覺系統：「副嗅覺系統」。這套嗅覺系統不同於「主要嗅覺系統」，它會透過特化的梨鼻器（Jacobson's / Vomeronasal organ）來偵測氣味分子，然後把訊息傳入腦中的腹嗅球。

如果大家有養貓，應該就會發現，貓咪有時候會用鼻子到處聞來聞去，聞到如癡如醉時，嘴巴還會張開。我第一次養貓並看見貓咪做出這個舉動時，著實嚇了一大跳，當時還以為牠是下巴脫臼了。事實上，貓咪的這個行為就是在使用牠的副嗅覺系統偵測氣味。這個行為的正式名稱叫作「裂脣嗅反應」（Flehmen response），透過微微張開嘴巴，就可以利用上顎與鼻腔之間的梨鼻器來偵測氣味分子。梨鼻器收集到的氣味訊息會傳入副嗅球，然後直接傳入杏仁核。因此下次再看到這一幕，不要太緊張，貓咪只是發現了特殊的氣味，想要好好聞一聞究竟是什麼味道而已。

副嗅覺系統的功能？

但脊椎動物都已經有一套「主要嗅覺系統」了，為什麼還需要第二套「副嗅覺系統」？難道說這兩套系統的功能有所不同？

目前的主流理論認為，這套「副嗅覺系統」的功能就是專門用來偵測費洛蒙（pheromone）[30]。費洛蒙是一種特殊的氣味分子，它與一般氣味分子不同的地方在於：費洛蒙是由生物所釋放出來的一種氣味分子，它會影響同一物種中其他個體的各種社會行為，例如警示行為、食物追蹤定位行為，以及性行為等等[31]。

費洛蒙的出現，有著非常重要的演化意義，因為它象徵著生物已經可以把原本被動的嗅覺系統轉變成主動的溝通工具。或許是因為費洛蒙有著獨特的溝通作用，才導致脊椎動物演化出這第二套的「副嗅覺系統」。

不過最近也有許多新證據在挑戰這個主流理論[32]。基本上，如果想要證明「副嗅覺系統就是費洛蒙偵測系統」這個理論，我們就得證明（一）副嗅覺系統只能偵測費洛蒙，以及（二）費洛蒙只能被副嗅覺系統偵測到。但是許多證據都顯示不然：「副嗅覺系統」偵測的對象並不僅只於費洛蒙，許多普通的氣味分子也可以被副嗅覺系統偵測到；同時，費洛蒙也可以被主要嗅覺系統偵測到。

以爬蟲類為例，許多關於蛇的行為研究都發現，蛇的副嗅覺系統和覓食時的一般氣味（非費洛蒙）偵測行為息息相關[33]。當蛇吐信時，氣味分子會透過舌頭帶進犁鼻器中[34]，而蛇在捕食獵物時頻繁的吐信，也顯示出牠們可能正在使用犁鼻器偵測獵物的氣味[35]。當蛇[36]、[37]、蜥蜴[38]、兩棲類的蠑螈[39]或甚至有袋類的北美負鼠[40]的梨鼻器被破壞、或者副嗅覺神經被切斷後，牠們追蹤獵物的能力也會大打折扣。

在哺乳類身上，同樣也有證據顯示副嗅覺系統能夠偵測一般的氣味分子。哈佛大學醫學院的神經科學家巴克[41]與同事們發現，小鼠的副嗅覺系統中的神經細胞至少對十八種非費洛蒙的氣味分子有反應[42]。在另一項實驗中，華盛頓大學的分子生物學家史多爾摩（Daniel R. Storm）使用基因剔除的方式移除了小鼠的第三型環化酶（type-3 adenylyl cyclase），這種酶是氣味分子訊息傳遞鏈中的一個關鍵要素，它只會出現在正常小鼠的主要嗅覺系統中，而不存在於副嗅覺系統中。因此，移除了小鼠的第三型環化酶，就等於是破壞了主要嗅覺系統，但同時保留了副嗅覺系統的完整性。結果發現，只剩下副嗅覺系統的小鼠依然可以偵測到某些揮發性的氣味分子[43]。

由以上的證據，我們可以知道副嗅覺系統偵測的對象除了費洛蒙，還包括一般的氣味分子。再加上其他證據也顯示費洛蒙可以被「主要嗅覺系統」偵測到，因此「副嗅覺系統就是費洛蒙偵測系統」這樣的說法，目前似乎已是備受質疑。

如果「副嗅覺系統」的獨特功能並不是用來偵測費洛蒙，那麼這第二套嗅覺系統到底是獨特在哪呢？有一個很有潛力的假說認為，**副嗅覺系統可能可以透過氣味分子來啟動某些本能行為，然後再透過經驗和學習逐漸把這個啟動的過程移交給主要嗅覺系統**。這個假說的證據來自於幾項以小鼠、倉鼠以及田鼠的實驗[44、45、46]。研究人員發現，如果沒有性經驗的雄鼠其副嗅覺系統受到破壞，那牠們在聞到性荷爾蒙後應該要產生的本能行為，例如荷爾蒙濃度上升、求偶鳴叫，以及交配行為等就不會出現，但是如果副嗅覺系統受到破壞的是已經有過性經驗的雄鼠，那麼這些行為就不會受到影響。因此推測，副嗅覺系統的功能可能是以氣味來誘發某些本能行為，然後再透過經驗把這些行為的誘發機制移交給主要嗅覺系統負責。

另外還有一個假說認為，主要嗅覺系統偵測的是小分子的易揮發氣味分子，副嗅覺系統偵測的則是較不易揮發的大分子氣味分子（大部分的費洛蒙都是大分子氣味分子）[47、48]。這個假說看似相當合理，只可惜目前仍缺乏足夠的證據。

鮮為人知的第三套嗅覺系統：終末神經

第三套嗅覺系統非常特別，而更令人驚訝的是，幾乎沒有人知道它的存在。不只是一般人對它毫無所知，甚至連很多醫生或腦科學家都沒有聽過的一套系統。這套系統叫作「終末神經」。

為什麼第三套嗅覺系統會被叫做「終末神經」呢？其實這個名字，正透露出這個系統有多麼不為人所知。

有學過生物學的人應該都背過十二對腦神經的口訣：一嗅二視三動眼，滑車三叉五外旋，顏面八聽九舌咽，迷走十一副舌下。

解剖人腦時，如果把已經從頭顱取出的腦面對著我們，然後朝上翻轉九十度，我們就可以看到由上而下依序排列的十二對腦神經。其中最上方的第一對腦神經，就是嗅神經，最下面的最後一對則是舌下神經。由於所有的人類感官知覺幾乎都被這十二對腦神經給囊括解釋了，所以數百年來，學者們也都自以為這十二對腦神經就是全部的腦神經。

沒想到，到了十九世紀末，人類引以為傲的腦神經知識體系卻讓一隻鯊魚無意間撞出了一個大破洞，我們對大腦的無知也終於原形畢露。

一八七八年，德國大學的生理與解剖學家佛瑞胥（Gustav Fritsch）檢視了鯊魚的大腦，結果發現在十二對腦神經的前方，竟然還有另一對腦神經[49]。這個發現讓解剖學家們傷透腦筋，因為按照位置來說，這一對新發現的腦神經應該要叫做第一對腦神經才對，然後嗅神經應該要改稱為第二對腦神經，而且後面每一對腦神經編號都應該往後順移，但是如果真的把十二對神經的編號全部改變，那數百年來文獻中的使用名稱就會和新的名稱完全不一致而導致全面混亂。由於全面改動的代價實在是太大了，而且解剖學家也不確定人類究竟有沒有這一對神經，所以命名和改名的事也就一直沒有定論。

只是屋漏偏逢連夜雨，這一對腦神經也在一九〇五年時於人類胚胎中發現[50]（稍後在一九一四年也於成人腦中發現[51]）。由於人類腦中也發現了這對腦神經，學界對命名的問題終於避無可避，同一年，生物學家洛西（William A. Locy）才正式把它叫做「第零對腦神經」或是「終末神經」[52]。由於羅馬字母中沒有零的符號，這對神經有時也被稱為「第N對腦神經」（cranial nerve N）[53]。但是不知為何，至今為止許多教科書中仍然看不到這對腦神經的蹤影。

終末神經（第零對腦神經）的功能？

這套沒沒無聞的嗅覺系統，到底扮演著什麼角色呢？目前有些許證據顯示，這一套系統可能才是真正與性行為有關的荷爾蒙偵測系統。比方說，從解剖學的結構來看，終末神經的末梢也在鼻腔，但是其接收到的資訊並沒有傳到嗅球，而是連接到大腦裡面與性行為密切相關的「中樞核」（septal nuclei）。行為神經科學的研究也顯示，當雄金魚的終末神經被刺激時，就會立刻釋放精子[54]，而當終末神經被破壞時，雄倉鼠的交配行為則會消失[55]。

美國國家衛生院的神經生物學家菲斯（Douglas Fields）還發現，終末神經除了偵測荷爾蒙，甚至可能還有釋放荷爾蒙的功能。他觀察到終末神經的軸突中有許多荷爾蒙，這些荷爾蒙會在神經末梢處釋放出來，並進入血液之中以調節生殖行為[56]。

此外菲斯還有另一項發現，也大大凸顯出終末神經的重要性。他在解剖鯨魚的大腦時發現，鯨魚竟然仍保有終末神經。鯨魚在演化的過程中因為重新回到海中，牠們的鼻孔，也就是噴氣孔，為了方便呼吸已經移至頭部的上側後方，而牠們也因為長期生活在水中，不常接觸到氣味分子，所以主要嗅覺系統和副嗅覺系統都已經喪失。有趣的是，牠們卻仍然保有終末神經。這項發現可能顯示出終末神經有著極為重要的生存繁衍功能，因為鯨魚在演化的過程犧牲了前兩套嗅覺系統，但是卻沒有放棄這第三套嗅覺系統，其重要性可想而之。至於終末神經的重要功能究竟是不是透過偵測與釋放荷爾蒙來調節性行為，未來的研究很快就會為我們揭曉。

機械感知

在透過化學偵測能力一次解決了覓食、逃命與求偶這三項問題之後，神經系統立刻又面臨了更艱困的一道關卡。雖然化學偵測能力可以讓神經系統知道附近哪裡有食物、周遭是否有掠食者，以及是否存在可能的異性配偶，但是神經系統能不能更快速的偵測到獵物、掠食者與配偶，還有能否更有效率的驅動身體去快速抓到獵物、逃離掠食者，以及趨近配偶，那就另當別論了。換句話說，偵測到目標其實只是基本要求，能不能**快速的**偵測到目標，以及偵測到目標之後能不能快速的**趨近**或**逃離**目標，才是能否在演化中脫穎而出的關鍵。

這一道演化關卡，又是折煞了無數的生命。直到一種能夠增進身體運動機能，並同時能夠偵測遠端資訊的能力出現之後，才終於突破難關。這種偵測能力，就是「機械感知能力」。

機械感知，是透過受器來偵測機械式的能量變化，例如身體中的本體感覺系統可以偵測身體的位置，皮膚上的觸覺系統可以偵測接觸到的壓力變化，以及內耳前庭的平衡系統可以偵測重力與身體的移動方式。這些機械感知能力多半與身體的知覺與運動協調有關，有利於神經系統更有效率的感知並調節身體的運動。

多數的機械感知能力中，仍然屬於近距離感知能力，因為各種機械式的變化大都必須要與身體上的受器近距離直接接觸才行。但是其中有一種機械感知能力卻因為能「感知到遠方事物」而與眾不同，這項能力可以偵測空氣中的振動能量，並為生物帶來極大的生存繁衍優勢。此能力就是「聽覺」。

聽覺

在原始的生存環境中，生物與環境之間的互動，大多是經由肉體直接觸碰或是化學物質傳遞。在這種近距離接觸的互動中，觸覺、嗅覺和味覺就足以應付絕大多數的情境。雖然嗅覺和味覺也可以偵測到較遠一點的事物以及稍早之前遺留下的味道，但是這兩種方式主要還是用在應付周遭的當下變化，而無法快速針對遠方或未來的情境提前做出反應，如果想要快速對遠距離訊息做出判斷和反應，上述這些感官知覺就會出現黔驢技窮的局面。

面對著無法取得遠距資訊的困境，神經系統也逐漸演化出聽覺以及稍後會介紹的視覺這兩種「遠距感知能力」，以彌補其他感官知覺的不足。

早期的聽覺功能

在演化早期，聽覺資訊主要是透過毛細胞（hair cells）來偵測周遭物質的波動，再把訊息傳入後腦，此時的聽覺訊息，主要是用來幫助生物體找出外在掠食者、獵物或其他物體的位置。這種毛細胞後來在兩棲類、爬蟲類與鳥類身上演化成基底乳頭（basilar papilla），在人類身上則演化成耳蝸中的柯蒂氏體（Corti）。

早期的聽覺資訊，主要是用來幫助生物快速逃離危險。在現今的各種生物身上，我們都還可以看到由聽覺所誘發的各種反射式逃跑行為。例如有些蛾類在飛行中聽到蝙蝠的叫聲時，會突然向下墜落以躲避蝙蝠的捕食。有些魚類和蝌蚪，也會在偵測到水中聲波振動時迅速逃開。這些由聲音所啟動的逃生行為，主要都是透過後腦以及脊索的反射式反應來完成的。

但是，這種由聽覺所誘發的反射式反應，顯然過於僵化。如果掠食者知道獵物每次聽到聲音後都只會向下急墜，久而久之，掠食者就會直接往下方進行追擊而成功捕獲獵物。因此，只靠聽覺誘發反射式的反應顯然太過死板。

面對這樣的生存壓力，聽覺生物不得不把配備升級，於是乎，聽覺資訊也開始傳入中腦、視丘和大腦皮質，除了透過聽覺快速啟動逃生行為之外，生物也逐漸發展出利用聲音來「聽音辨位」以及「分辨聲源物」的能力。

作為可能被獵食的對象，聽音辨位和分辨聲源物是兩項非常重要的求生能力。如果可以正確的辨別聲音的方位，就可以順利的往反方向逃離，這樣才不會因為盲目逃竄而不小心把自己送入虎口。同樣的，正確的分辨音源物，也可以幫助生物區辨聲音的來源到底是否真的具有威脅性，如此一來，才不會稍有風聲鳥鳴就以為是大敵來襲，也才不致於浪費能量去逃避根本沒有危險的聲音。

掠食者也同樣可以受益於聽音辨位和分辨聲源物，如果可以透過分析方位和聲源物來辨識獵物，就可以更準確的判斷獵物的方向，並且事先評估發出聲音之獵物值不值得花力氣去捕捉。

如何聽音辨位？

在描述頭顱周圍的三度空間位置時，主要涉及了三個不同的軸，第一個是地平經度（azimuth），第二個是垂直高度（elevation），第三個是距離（distance）。地平經度可以用來描述和頭部位於同一個水平面上的各種不同方位角。比方說如果我們的頭顱面對正北方，那正前方的方位角就是零度，而右手邊的正東方就是九十度。垂直高度是用來描述不同高度的水平面。距離則是用來描述在同一個水平面上音源至頭顱中央的物理長度。

人類的大腦在辨別音源的方位時，會使用不同的計算方式來推測不同軸上的音源位置。

比方說在計算音源的地平經度時，大腦主要會分析「雙耳時間差」以及「雙耳強度差」。之所以會有「雙耳時間差」以及「雙耳強度差」，是因為雙耳在空間中的位置約有十七公分的差距，此差異會導致不同地平經度上的聲音傳到雙耳時出現短暫的「時間差」，較靠近音源的耳朵會先接收到聲音，而且由於雙耳中間有著一個會吸收聲波的頭顱，因此不同地平經度上的聲音傳到雙耳時也會出現「強度差」，即較靠近音源的耳朵會接收到比較強的聲音。大腦在接收到「雙耳時間差」以及「雙耳強度差」後，就可以據此來反推出音源的位置。

在人類身上，「雙耳時間差」以及「雙耳強度差」只能用來判斷音源的地平經度，但不能用來判斷音源的垂直高度，因為音源的垂直高度變化並不會產生明顯的「雙耳時間差」以及「雙耳強度差」。因此，如果想要判斷音源的垂直高度，就得依靠不同的計算方法。

那麼人類是怎麼計算音源的垂直高度呢？人類判斷音源垂直高度的方法，其實是透過一個大家意想不到的特殊設計來完成。大家知道自己的耳朵上為什麼會有奇形怪狀的皺褶嗎？我們通常都會說那是因為可以方便收集聲音。但是事實上，耳廓上奇怪皺褶的主要功能之一，就是用來判斷音源的垂直高度。不同垂直高度的音源，會因為耳廓皺褶的反射而出現不同的變化，大腦就可以藉此來判定音源的垂直高度。實驗發現，如果我們透過人為的方式改變受試者的耳廓皺褶，他們對音源的垂直高度判斷就會出現錯誤。

大家如果有興趣親自嘗試的話，可以閉上眼睛並用手扭曲自己的耳廓，然後請朋友在你的頭顱上方或下方拍手或彈指，此時你將會發現音源的垂直高度變得很難判斷（幸好我們的大腦有很強的認知彈性和學習力，因此只要經過幾次試誤學習後，我們很快就又能夠正確辨別音源的垂直高度）。

雖然人類無法使用「雙耳時間差」以及「雙耳強度差」來判斷音源的垂直高度，但是貓頭鷹卻可以，因為貓頭鷹的兩耳高度差異非常的巨大。對貓頭鷹來說，判斷音源的垂直高度是一項攸關生死的狩獵能力，因此在演化的過程中，牠們的雙耳在臉上的高低差異已經變得非常明顯，這個雙耳高低差異，使得不同垂直高度的音源也會產生「雙耳時間差」以及「雙耳強度差」。例如當貓頭鷹的左耳比較低時，下方的音源就會因為比較靠近左耳而比較早到達左耳，而且到達左耳時的音量也會比較強。

關於音源的距離，則是透過聲音的大小和聲音中含有的高低音頻率多寡來判斷。比方說，同一個音源距離我們愈遠時，我們接收到的音量就會愈小，而且其中的高頻聲音也會愈少（因為低音頻的能量在傳遞時比較不容易耗損）。

透過這三種簡單的聽覺定位方式，我們就可建構出一張三維的空間地圖。大腦這項強大的認知能力，可以幫助生物快速辨別出遠方同類、獵物或掠食者的方位，對於生存繁衍極度重要。

溝通和語言能力

在擁有了基本的聽覺感知能力後，聽覺生物們很快就面臨到一項自我挑戰：能否主動使用聽覺來進行溝通。如果生物可以主動發出聲音讓同類聽見，那麼求偶等溝通訊息就會迅速的傳遞到遠方，與嗅覺相比，聽覺的訊息傳遞效率可以說是完勝。相反的，如果無法主動發出聲音來把訊息傳遞給同類，那麼不但不利於求偶，當掠食者出現時，也將會因為無法有效的警告同類而導致全族覆沒的下場。

在這樣不進則退的演化壓力之下，幾乎所有擁有聽覺的生物都發展出了透過聲音來溝通的能力。

比方說節肢動物常使用摩擦鳴聲（stridulation）來彼此溝通，例如蟋蟀可以摩擦翅膀，雄蟬可以摩擦腹部的發音膜，還有一些甲蟲（如獨角仙）可以摩擦翅膀和腹部來發聲，還有一些多毛的大蜘蛛也可以透過摩擦腳上的刺毛來發出聲音。

在脊椎動物身上，更是可以見到多元的發聲溝通方式。比方說，大家可能知道硬骨魚身上的魚鰾能用來幫助魚兒沉浮，而且魚鰾也很好吃。但是大家可能不曉得，有很多種魚都可以透過快速收縮魚鰾來發出聲響。還有響尾蛇可以振動尾巴上累積的脫殼來發聲，有一些鶴和貓頭鷹可以透過快速夾動鳥喙以製造節律（bill clacking），而大猩猩則也可以透過擊胸來發出巨大聲響。

除了以上的特殊發聲方式之外，最為人所熟知的應該就是口器發聲（vocalization）。鳥類、蝙蝠、海豹、鯨魚、猴子等幾乎所有的動物，都能夠使用口器發聲來進行各式各樣的溝通，包括求偶、警示、食物定位以及社交學習等等。

在使用聽覺與口器發聲的各種溝通方式中，最令人讚嘆的演化極致，應該就是人類的語言能力。人類總共有七千種以上的語言，而更令人震驚的是，只要在適當的時間點讓嬰兒接觸到足夠的語言資訊，任何一個嬰兒都有學會任何一種語言的潛力。語言學家喬姆斯基（Noam Chomsky）認為，這是因為嬰兒的大腦天生就內建了一套「普遍語法」（Universal Grammar），根據這套「普遍語法」，嬰兒就可以捕捉到或發展出所有人類自然語言中的普遍特質，例如語詞內的主詞、動詞和名詞之分。

但是，即使我們承認嬰兒的大腦中有普遍語法的存在，但這些普遍語法究竟是怎麼幫助嬰兒學會語言的呢？我們在第一次聽到陌生外語時，聽到的感覺就只是一連串字詞難分的無意義聲音，嬰兒在第一次聽到大人說話時，必然也是一樣的感覺。究竟嬰兒的大腦是如何從這些看似毫無頭緒的語音資訊中捕捉到規則？

嬰兒如何學習語言

最近的研究發現，嬰兒大腦的語言學習過程，可能和母語資訊中的統計規律息息相關[57]。比方說，嬰兒的大腦似乎會根據母語中各種「音素」（phoneme）出現的頻率來決定哪些音素比較重要，並藉此決定該投入多少大腦資源來加以學習。

所謂的「音素」，就是人類可以發出和聽到的基本語音元素（例如「ㄅ」、「ㄆ」

之類的子音，以及「Y」和「ㄧ」之類的母音等等）。嬰兒在剛出生時，就已經可以分辨全世界現存的將近八百種音素。但是到了大約六個月和九個月大時，嬰兒對母音音素及子音因素的區辨能力就會分別開始「窄化」或「專化」。換言之，嬰兒會對自己母語中常聽見的音素變得更敏銳，但是對其他不曾聽過的語言中的音素就會變得較不敏銳。

而這其中的關鍵要素，就在於這些音素的出現次數，當某個音素出現的次數愈頻繁，大腦就愈有機會學習和分析該音素，而之後對於該音素的區辨力也就會愈強。

同樣的，嬰兒可能也是透過類似的「統計規律」方法來辨識出一連串語音中每個字詞的分隔點。如果大家有機會聽到陌生外語，一定會發現一個現象，就是除了完全聽不懂意義之外，我們甚至連一連串語音中每個字詞的分隔點都抓不到。那為什麼浸淫在母語中的嬰兒，久而久之就會知道每個字詞的分隔點在哪呢？

目前的研究顯示，嬰兒可能就是根據每個音素的「相連機率」來作為判斷的標準。

在一九九〇年代中期，威斯康辛大學麥迪遜分校的語言心理學家莎佛朗（Jenny Saffran）的團隊發現，八個月大嬰兒可以透過音節相連的機率來學會類似語言的資訊。

以「happy baby」這一串語音為例，「hap」這個音節和「py」這個音節很容易在各種說話內容中被連續聽到，例如在「happy girl」或「happy dog」這兩串語音中也會聽到「hap」和「py」這兩個音節相連。但相較之下，「hap」和「py」和「ba」這三個音節被連續聽到的機率就小很多。久而久之，大腦就會把「hap」和「py」這兩個連續語音組合成一個字詞：「happy」，而不會把「hap」、「py」和「ba」三個連續語音組合成「happyba」。

在實驗中，莎佛朗讓寶寶聆聽一連串由電腦合成的無意義語詞，這些語詞由音節構成，其中有些音節會比較常相連出現。結果發現，寶寶會特別注意到這些虛構語詞中時常相連出現的音節，而這種能力就是幫助他們找出可能字詞的關鍵[58]。

很可惜的是，這段對音素和語言統計規律特別敏感的時期只存在於幼兒大腦中，當我們成年之後再聆聽新語言時，就不會再有如此的敏銳度。這也就是為什麼長大後才學習第二語言並不容易的原因。

語言的相關腦區

雖然我們目前仍不完全清楚學習語言的認知過程與大腦機制，但是科學家對於語言的相關腦區已經有了初步的理解。

一八六一年，法國醫生布洛卡（Pierre Paul Broca）接觸到了一位「無法說話」但卻「可以正常理解他人話語」的病人。這位病人名叫勒伯尼（Leborgne），由於他只會發出「唐」（tan）的聲音，因此有了「小唐」這樣的綽號。小唐過世之後，布洛卡解剖了他的大腦，結果發現他的左腦前額葉下方的運動區域附近受損[59]。後來布洛卡又解剖了十二位相同症狀的病人，也都發現類似的結果。後人因此把這種症狀稱為「表達型失語症」（expressive aphasia），而這個腦區也因此被後人稱為「布洛卡語言區」[60]。

一八七四年，德國醫生維內基（Carl Wernicke）研究了另外一些「可以順利說話」但卻「無法聽懂他人話語」的病人，結果發現他們的左腦顳葉上迴的聽覺區域附近受損。這種病症後來被稱為「接收型失語症」（receptive aphasia），而這個腦區後來則被稱為「維內基語言區」。

近年來的功能性磁共振造影技術，也更進一步的找出語言的精確相關腦區。比方說，我先前在麻省理工學院的同事費德藍科（Evelina Fedorenko）就發現，布洛卡語言區其實可以再被細分成兩個不同的子區域，其中一個子區域和語言有關，另一個子區域則和數學與工作記憶有關[61]。而我們一起合作發表的另一篇論文還發現，和語言有關的腦區並不是只有左腦中的布洛卡區和維內基區，而是還包括了兩側大腦至少十三個以上的區域[62]。

總而言之，雖然目前仍不完全清楚語言的細部認知過程和確切大腦運作機制，但是愈來愈多的研究已經逐漸開始找出頭緒，語言能力祕密大白之日，我們指日可待。

光感知能力

在能夠快速偵測、並且有效率的逃離掠食者和趨近獵物或異性之後，神經系統並沒有因此而偷得半日之閒。相反的，當大家都成了箇中好手之後，競爭反而愈來愈激烈。

生物體之間的競爭，就好像從小學生運動會的玩鬧比賽，逐漸轉變成奧運場上的頂尖對決。

此時的應對之道，就是要發展出更巧妙的資訊偵測方式，來更有效的偵測遠方事物，甚至是預測未來的事物。於是乎，神經系統便開始「看」上了光線這項資訊。

除了聽覺這項遠距感知能力之外，原始生物的另一項遠距感知能力，就是感光。畢竟，生存環境中最重要的資訊之一，就是光線。如果能夠好好利用光線，那麼不僅可以偵測到遠方的事物，更可以提前對未來的事件做出準備，甚至可以利用光線來製造身體所需的養分。

換句話說，一旦掌握了光線，生物對於空間、時間和能量上的操控就更前進了一步。

以空間為例，一旦可以透過光線來**看**事物，生物所能蒐集的資訊範圍，就從原本身體可觸及的狹小範圍，瞬間擴張到幾乎無限遠的地方。試想看看，如果我們沒有視覺和聽覺，那我們所能觸及的範圍，就只剩下伸手可及的事物和周遭的氣味。但如果擁有視覺，即使事件發生在宇宙的另一端，我們都有機會可以看見。

透過感光來判斷時間，其重要性也不遑多讓。因為對地球影響最大的一項自然因素之一，就是太陽。由於日照以及地球的自轉，地球上出現了日夜變化。這個現象，使得幾乎所有地球上的生物，都發展出生理時鐘，也就是針對日夜光照變化做出調節與反應的能力。

至於能量的擷取，大家應該都很熟悉。植物的光合作用就是最好的例子。只要有光線提供能量，植物中的葉綠體就可以把二氧化碳和水轉化成醣類。

以下就讓我們一起來仔細看看，生物如何利用光的資訊來掌握時間與空間。

感光能力之一：有效率的影響運動方向

在殘酷的演化壓力之下，各種生物機制都非常講求效率。「有沒有辦法達到高效率」的這道關卡，一直在限制、或形塑著神經系統的發展。而當神經系統開始使用光線這項資訊時，當然也離不開追求效率的這項原則。

想要利用光線，就必定要先有感光的能力。最早擁有感光能力的生物，應該是類似眼蟲（euglena）的單細胞原生動物。眼蟲是一種非常特殊的生物，牠擁有葉綠體可以行光合作用，但同時牠也具有鞭毛可以運動。鞭毛基部還有一個眼點，可以用來感光。

為什麼眼點會出現在鞭毛基部，而不是其他的地方呢？這就涉及到感光之後所獲得的資訊是否能夠有效率的影響運動方向。很顯然的，距離鞭毛愈近，就愈能快速有效的根據光線的變化來改變運動方向。

這項「效率法則」，也在演化過程中無往不利。在人類腦中觀察到的視神經交叉現象，也是遵循光線－運動之效率法則的結果。

視神經交叉

在人類身上，左側視野的訊息主要傳送到右腦，右側視野的訊息則主要傳送到左腦。大家看到這個現象，應該都會感到好奇：為什麼左側視野的訊息不傳入較近的左腦，而要捨近求遠的傳入右腦呢？原因就在於，在演化早期，視神經交叉才有助於啟動對側的肌肉收縮，幫助生物逃離出現變化的光源。

此話怎講呢？讓我們先一起來檢視一下原始感光能力的用途。感光能力一開始並不足以形成影像。最初的感光能力，只能用來偵測光源的方位和移動的物體。例如當某個方向的光度突然減弱時，可能就表示該方位有會移動的物體（掠食者或者獵物）遮住了光線。這種原始的感光能力，提供了一種簡單的偵測和警報功能。這項能力看似簡單，卻是攸關生死！因為如果不能夠快速的利用這些視覺訊息來逃生，那就必定會被淘汰。

但要如何才能讓這些視覺訊息快速的啟動逃生相關的肌肉群呢？最簡單的一種做法，就是把視覺訊息送過身體中線，如此才能迅速直接的引發對側的肌肉收縮，讓生物可以在偵測到光線變化的瞬間就往反方向逃生。

在演化早期，感光細胞接收到的資訊應該是同時傳送到前腦與中腦的兩側。但是那些感光細胞與對側神經細胞連結較強的生物，很快就展現出演化的優勢，因為牠們的感光細胞一偵測到某側有光線變化，就會傳送至另一側的神經細胞，並導致該側的肌肉收縮。例如右側有光線變化，左側神經細胞就會被激發並導致左側肌肉收縮，左側肌肉一收縮，頭部就會往左側轉動，即可逃離右側的危險事物。同理，體感覺細胞接收到的資訊主要也會傳到對側，因為這也有利於更快速的逃生。

在演化的過程中，由於上述的對側連結擁有較多的生存優勢，因此神經系統甚至願意付出較多的資源，把感光細胞和體感覺細胞接收到的資訊大老遠的連結到身體的另一側，視神經交叉和體感覺神經交叉的現象便應運而生。

到了演化後期，由於右側的視野和體感資訊都傳向左腦，而左側的視野和體感資訊都傳向右腦，大腦也就順勢演化出由左腦控制右半邊身體肌肉、右腦控制左半邊身體肌肉的現象。

以上就是透過感光能力來影響運動的演化簡史。同一時間，透過感光能力來對時間進行預測的能力也沒有閒著。透過光線運作生物時鐘正在如火如荼的快速演化中。

感光能力之二：生物時鐘

在我們生存的地球上，光線可以說是最重要的一種自然環境資訊。地球的自轉以及其繞著太陽公轉，形成了日夜與四季的規律變化。而生活在地球上的所有生物，也都因此面臨著一個迫切的挑戰：能不能把握光線的規律變化以為自己所用。

如果可以順利掌握光線的規律變化，那麼生物就可以適時的做出相對應的周期性生理變化。例如喜歡依靠視覺在白天獵食的生物，就可以在晚上進入休息狀態，然後在白天太陽出來後再全力獵食。相反的，如果無法成功掌握光線的規律變化，可能就會導致事倍功半而慘遭淘汰。

也因此，在演化早期，感光能力除了可以用來驅動肌肉收縮以逃避危險，另一個重要的功能，就是根據日夜變化來調節生理機能。這就是所謂的「生物時鐘」。

還記得上一章最後提到的文昌魚嗎？文昌魚是一種簡單原始的脊索動物，其結構可能和最早期的脊索動物十分類似。在牠身上，其實就已經可以看到眼睛以及生物時鐘的原型。

在文昌魚的前腦中，可以發現兩個感光器。從相對位置上來看，其中一個是松果眼（pineal eye），另一個則是前眼點，也就是一般脊椎動物雙眼的前身。透過這兩個感光器，早期的脊索動物就可以有效的利用光線，並發展出生物時鐘。

最開始的生物時鐘，隨時處於「上線」的狀態。也就是說，生物時鐘的作息完全和當下的光線狀態同步。對於日行性生物來說，光線明亮時，生理機能就處於活躍狀態，沒有光線時，就進入休息狀態。換言之，透過與外在光線同步的生物時鐘來調節生理機能，可以讓生物的生理表現更有效率。

但是隨時處於「上線」狀態，似乎不夠靈活。畢竟如果你的電腦一定要有網路才能作業，那離線時，就會變成鐵磚頭一塊。因此生物時鐘就演變成不必依賴光線也可以「離線作業」：即使一段時間都生活在黑暗之中，生物時鐘也可以在「離線」的狀態下展現出晝夜節律。這種可以進行「離線作業」的生物時鐘較為靈活，雖然有可能會「失準」，但是失準只是小問題，只要偶爾透過日光「校準」一下就可以恢復準確了！

的確有不少實驗都發現，許多生物的生物時鐘其實已經「內化」成可以離線作業的系統。例如，即使把實驗室中的生物長時間飼養在沒有日夜光照變化的環境中，牠們的生物時鐘現象也不會完全消失。內化的生理時鐘有一個好處，就是即使當下缺乏任何環境的訊息，也可以幫助生物對即將出現的日照改變提前做出反應，讓生物的適應能力大大的提升。

生物時鐘位於大腦何處？

在脊椎動物身上，光線會透過眼睛的視網膜，把資訊傳入位於下視丘（hypothalamus）的視交叉上核（suprachiasmatic nucleus）。視交叉上核可以說是生理時鐘的調節核心之一，它會利用眼睛傳入的光線來校正生理時鐘，即使一段時間都生活在沒有光線的地方，視交叉上核裡的神經元也仍然會展現出日夜的規律變化。視交叉上核會再連結到位於上視丘中的松果體（pineal gland），並在此調節褪黑激素的濃度，進而影響睡眠周期的變化。

松果體還有一個特點，就是在演化早期，它似乎可以直接對光線做出反應。這個「松果眼」不但出現在文昌魚身上，也可以在一些現存的爬蟲類身上觀察到。例如在某些蛙類和蜥蜴的身上，松果體竟然會直接延伸到頭頂、開出第三隻眼。生物學上稱之為

「第三眼」或「頂眼」（parietal eye）。

這隻眼有水晶體、視網膜，與一般的眼睛十分類似，也具備可以感光的功能。透過「頂眼」，這些生物可以利用光線來調控生理時鐘、荷爾蒙以及進行體熱調節。

最近的研究也發現，棱皮海龜之所以能夠精準的依照四季變化來遷徙，可能就是因為牠們頭頂有一小部分的皮膚沒有色素、且頭殼較薄，這樣的生理構造，可能有助於讓光線直接照入松果體來幫助牠們偵測出四季變化。

笛卡兒的松果體與奇特的第三眼

至於人腦中的松果體，則是一個綠豆般大小的結構，大概位於腦部正中央，長得像松果，故得此名。

說到松果體，就不得不提一下法國的哲學家笛卡兒，也就是說過「我思故我在」的那位知名哲學家。笛卡兒是一位「二元論」者，他認為心與腦在本質上是完全不同的，腦是物質的、心是非物質的，也就是說，心靈是一種類似靈魂的東西。

而這兩種本質上截然不同的事物，是怎麼產生互動的呢？

笛卡兒認為，如果我們觀察大腦的結構，其中大部分的結構都是左右對稱的成對結構，例如兩個眼睛、兩個半腦、兩個杏仁核等等，而大腦中唯一一個不成對的結構，就是「松果體」，因此，心與腦應該就是透過松果體在互動。

換言之，笛卡兒認為大腦可以透過松果體和非物質的心靈互動交流，或者反過來說，心靈可以透過松果體操控大腦。有些神祕主義人士主張，人類的松果體在演化早期，也可以接收光線或其他能量來調節生理機制，雖然現代人類的松果體沒有在頭頂開出第三眼，但是人類的松果體仍然可以接收能量。

不過為什麼一般人都不覺得自己有接收到任何能量呢？神祕主義人士認為，那是因為現代人的松果體都鈣化了。的確，成人的松果體一般都會鈣化（原因不明，有人認為是現代人的飲食和飲水所致）。宗教和神祕主義人士常會說，只要透過某些方式來去除松果體的鈣化，松果體就可以發揮功能以接受各種可能的能量。只不過，此說法目前尚未被科學驗證。

感光能力之三：影像分析

演化至此，視覺生物已經擁有了偵測光源並藉此改變運動方向的能力。同時牠們也可以透過光線來預先調整自己的生理周期。但是就在眼睛的元件日益精細、而且大腦處理訊息的能力也愈來愈強大之後，視覺生物就又立刻被推入了下一個高手環伺的演化競技場。在這個競技場中，最關鍵的一項能力就是「影像分析」。

透過視覺影像分析，生物體可以獲得許多重要的資訊。例如物體相對於生物體的所在位置，物體的身分及各種特質，例如形狀、顏色、大小，以及生物體在地理環境中的定位等等。在這個競技場中，所有的生物都爭相發展出精細且快速的影像分析能力，因為一旦稍落人後，就會因為抓不到獵物或被掠食者輕鬆獵殺而陷入萬劫不復的死亡深淵。

在這樣的壓力之下，視覺資訊開始經過視丘，然後傳入視覺皮質，並繼續傳送到更高階的大腦區域進行分析。在大腦中，視覺影像分析最重要的三項功能，就是分辨物體是什麼、找出物體的位置以及幫助我們進行空間定位。

首先我們來看看視覺影像分析的第一項重要功能：辨識物體的身分。視覺資訊會經由腹側視覺路徑進入顳葉，透過這條路徑，大腦可以分析出物體的身分及各種特質，幫助我們辨識出物體是什麼。

我在麻省理工進行博士後研究時的指導教授坎維希爾（Nancy Kanwisher），就是研究視覺物體辨識的專家。她主張大腦並不是「通用型的處理器」，而是宛如「瑞士刀」，也就是說，大腦的不同區域有功能特化的現象，有如瑞士刀一般，特定腦區會負責處理某些特定的功能。例如視覺、聽覺、嗅覺、味覺和觸覺等，每種感覺都有特定的腦區。而且就算是在視覺之內，各種不同的視覺資訊也會分區處理。以視覺物體辨識來說，有幾種在演化上特別重要的物體，都可以在腦中找到專門負責處理這些物體資訊的腦區。

她使用過各種方法試圖證實這個理論。一九九五年左右，功能性磁振造影（fMRI）初出世面，腦科學家開始採用這個技術來探索人腦的功能，坎維希爾抓住了這個機會，一舉成為腦造影認知科學研究領域的知名人物。她的科學研究生涯，就是不斷的透過腦造影發現各種特化的腦區。目前為止，她發現的重要腦區包括：梭狀迴臉孔區（負責處理人臉）、海馬旁迴景象區（負責處理影像）、紋外身體區（負責處理身體形象），以及心靈理論區（負責思考別人在想什麼）等等。

在這些腦區中特別為人所知的，就是梭狀迴臉孔區。顧名思義，梭狀迴臉孔區位於顳葉的梭狀迴。腦造影結果顯示，當看到人臉時這個腦區的反應特別大。但由於腦造影只能顯示相關性，因此兩者之間的因果關係一直懸而未決（無法確定此區域真的是負責處理人臉的區域，或者其實可能是別的腦區處理完人臉後，此腦區才變得活躍）。二〇一二年，她之前的博後學生葛瑞斯貝特（Kalanit Grill-Spector）透過電擊刺激病人的梭狀迴人臉區，結果發現病人所見到的人臉扭曲變形，才終於確認了此腦區與臉孔辨識之間的因果關係[63]。

腦科學家坎維希爾

說起坎維希爾，認知神經科學界中應該無人不曉。我第一次見到她，是在美國佛羅里達州的一艘小渡輪上。那時大約是二〇〇五年，我還是達特茅斯（Dartmouth College）的博士班學生，而我們許多人都在佛羅里達州參加視覺科學年會。

由於坎維希爾的實驗室人丁興旺，因此她租下了當地一座小島上的房子，好讓她實驗室中所有的人都能住在一起。當晚，她們實驗室在島上開派對。想當然爾，若想要去島上參加派對，就非得要搭小渡輪不可，因為如果想要泳渡的話，肯定是過不了佛州鱷魚的毒吻。而開著渡輪整晚載著派對客人們來來去去的，正是坎維希爾。

由於坎維希爾的派對向來都是眾人趨之若鶩的聚會，因此渡輪很快就沒油了。我和當時的博士班指導教授謝路德（Peter U. Tse）便開著車去幫忙買油，坎維希爾對我們的幫助很是感激。我後來有機會進入她的實驗室進行博士後研究，說不定和這段助人的小插曲也有關係。

坎維希爾對科學的熱情與執著異於常人。比方說，她的頭皮上就有著幾道完全為了科學而刺上的刺青。之所以擁有這些刺青，是因為在她剛剛投入功能性磁振造影研究時，當時的儀器和技術都還沒有完全成熟，因此很容易因為頭部的掃描部位不一致而造成數據誤差。為了讓每次掃描大腦時的位置能夠幾乎完全相同，她索性就在頭皮上刺青來節省影像對位的時間，並增加精確度。

另外一個有趣的事蹟，就是她二〇一五年在攝影機前當眾「削髮為尼」的舉動。為了讓大家更清楚的「看見」各個腦區在頭皮上的對應位置，她突發奇想的拍了一段影片。在這部短短幾秒的影片中，她迅速剃掉了長髮，然後在光頭上畫出各個腦區的位置。作為一段科學影片教材，真可謂創意十足[64]。

祖母細胞？

除了坎維希爾的研究之外，也有眾多研究發現大腦顳葉與物體辨識之間的密切關係。其中最有趣的一項重要研究，就是關於「祖母細胞」的研究。

一九六九年，已故的神經科學家雷特溫（Jerry Lettvin）在美國麻省理工學院對學生們講述了一個故事：「曾經有一位傑出的神經外科醫師，他有一位病人想要忘掉自己的母親，於是這位醫生就切開了病人的頭骨，然後清除掉數千個和他母親記憶有關的神經細胞。手術結束後，病人果然失去了所有關於他母親的記憶。接下來，這位醫生就轉向了下一個目標，開始尋找與『祖母』記憶有關的細胞。」

這個故事，是雷特溫在課堂上虛構出來的，他的用意，是想要透過此故事來說明一個充滿爭議的假說：只需少數幾個神經細胞就可以表徵關於各種事物、親友或事件的概念或記憶。在雷特溫的有生之年，都沒能夠證明這個假說，而過去數十年來，「祖母細胞」的想法也一直是大家戲謔的對象。

但是最近卻有一些研究顯示，可能真的有類似「祖母細胞」的神經細胞存在。二〇〇五年，研究意識的知名科學家柯霍（Christof Koch）與同事們進行了一系列的實驗，結果發現有一位病人的海馬迴（位於顳葉內側、與記憶有關的一個腦區）中，有一個神經元對女演員珍妮佛安妮斯頓（Jennifer Aniston）的照片有強烈反應，但卻對其他數十位演員、名人，以及各種景點和動物毫無反應。

在另一位病人的海馬迴中，則找到了一個只對荷莉貝瑞（Halle Berry）的照片和名字有反應的神經細胞。他們甚至還找到了只對美國脫口秀主持人歐普拉（Oprah

Winfrey）有反應的神經細胞，以及只對電影「星際大戰」中絕地武士天行者路克有反應的神經細胞[65]。

無論這項研究是否真的能夠證實「祖母細胞」的假說，它至少顯示出，位於腹側視覺路徑上的大腦顳葉和顳葉內側的海馬迴，的確和物體的辨識與記憶關係密切。

意識神經科學家柯霍

上述研究中的意識科學家柯霍，可以說是意識科學研究領域中的頭號指標人物。這位信奉天主教的德裔科學家，曾經染過一頭紅髮，並且時常身著彩衣，說起話來，就好像前加州州長兼電影明星阿諾一般。

柯霍曾經受到我之前的指導教授謝路德的邀請來到達特茅斯學院訪問，並在我當時就讀的心理與腦科學系上短暫停留了兩個星期。在這段時間內，我和他有很多互動，之後也有機會保持合作和聯繫。除了博士班與博士後的兩位指導教授以外，柯霍可能是影響我最深的一位科學家。

柯霍和發現DNA雙螺旋結構的前諾貝爾生物醫學獎得主克里克（Fransis Crick），是最早全力投入推動意識之科學研究的科學家之一。在一九八〇年代，雖然當時心理學已經脫離了行為主義，並開始邁入認知科學的年代，但是「意識」這個現象由於無法被客觀觀察與量化，在當時仍然是科學家的研究禁忌。在他們兩人不遺餘力的透過文章和科普書介紹、並鼓勵科學界去尋找「意識之神經關聯」的二十年後，意識研究終於逐漸被心理學家和認知科學家所接受。

關於意識這個主題，我們將在第五章中深入討論。現在，我們先繼續把焦點擺回「視覺」這項重要大腦軍備功能上。

視覺影像分析的第二項重要功能，就是找出物體的位置。視覺資訊會經由背側視覺路徑，和運動系統進行整合。這條資訊處理路徑可以幫助我們分析物體的所在位置，有助於我們針對物體進行躲避、追逐或拿取等動作。

在眾多相關的研究中，最經典的莫過於一九八二年由恩格萊德（Leslie Ungerlider）和米希肯（Mortimer Mishkin）的一項實驗[66]。在這項實驗中，他們首先訓練猴子學會兩件事。

第一件事，是要根據物體的「形狀」來找食物：研究人員把食物藏在三角形或長方形的物體下方，然後猴子必須透過試誤法來學會食物藏在哪種形狀的物體之下。

第二件事，是要根據物體的「位置」來找食物：在此訓練中，兩個物體都是長方形，而底下藏有食物的長方形的所在方位被標上了記號。由於兩個物體都是長方形，因此猴子必須學會透過標記的方位來尋找食物。

訓練結束後，其中一些猴子的腹側視覺路徑遭到手術破壞，另外一些猴子則是背側視覺路徑遭到破壞。結果發現，腹側視覺路徑受損的猴子，無法再透過物體的形狀找食物，但仍可順利透過物體的位置尋找食物。相反的，背側視覺路徑受損的猴子，則無法再透過物體的位置尋找食物，但透過物體形狀尋找食物的能力則毫髮無傷。由此可知，腹側視覺路徑和物體的形狀辨識有關，背側視覺路徑則和物體的位置辨識有關。

視覺影像分析的第三項重要功能，就是藉由分析周遭環境和地標來幫助生物體進行空間定位，好讓自己不會在環境中迷路。二〇一四年的諾貝爾生物醫學獎得主歐基夫

（John O’Keefe）及其學生穆瑟夫婦的研究主題，就是關於海馬迴與空間記憶。

歐基夫在二〇一四年獲獎前，曾經到新加坡進行訪問，我們在當時也有過短暫的一面之緣。他所關注的問題非常基本，就是人為什麼有辦法記住周遭的空間資訊，例如每天上班或上學的路徑，並且能成功的在兩個地點之間巡弋穿梭，換言之，就是為什麼人有空間記憶，有能力記得路標和路徑。

要回答這個問題，我們就得先把時間拉回到大約九十年前。在一九五〇年代以前，絕大部分的人都認為，動物是依靠路徑上接續出現的「路標」來尋找和記住路徑。比方說老鼠在學習迷宮時，可能是靠著記住一連串轉彎順序來走出迷宮（例如第一個三岔路要右轉、第二個三岔路要左轉、第三個三岔路要直走等記憶方式來記路）。當時的人們並沒有考慮到一種可能性，就是動物可能會在腦中描繪出整個迷宮的地圖、並藉此來規畫最佳路徑。

提出「腦中空間地圖」理論的第一位學者，是一九一八年至一九五四年間在加州大學柏克萊分校的心理學教授托爾曼（Edward C. Tolman）。

他之所以會提出這個想法，是因為他觀察到一個完全不符合傳統理論的現象：老鼠也會走捷徑或改道而行。他最為人知的一個聰明實驗如下：

當老鼠在圖七左圖的迷宮中受訓並學會由A走到G之後，他把老鼠放入右圖迷宮中，並封閉牠們熟悉的垂直往前道路。結果老鼠並不會選擇走緊鄰於熟悉之路兩旁的道路（九和十號道路），而是直接選擇六號道路。

很聰明的實驗吧！如果老鼠真的只是透過記住一連串的轉彎順序來走出迷宮，那就不可能會出現這種走捷徑或是改道的行為。因此托爾曼認為，動物應該可以在腦中形成一套關於外在環境的心智地圖。他甚至還進一步主張，心中的認知地圖不只可以幫助動物和人類找到路，還能幫助我們記住自己曾經在某些地理位置上所經歷的事件。

托爾曼的這個想法，在一九三〇年提出後的數十年來一直備受爭議。大家一直很難接受這個理論，其中一個原因是因為動物實驗中所觀察到的行為似乎還有許多種不同的詮釋方式（例如老鼠可能會靠空氣中的氣味、或是房間中的電燈或其他路標來行動）。而且，托爾曼當時也沒有足夠的概念或實驗工具可以證實動物腦中真的存在一張關於環境的內在地圖。既然沒有生理證據，大家也就一直沒有正視這個理論。

位置細胞

一直要到約四十年後，科學家才發展出微電極的技術，並從神經細胞活動的研究中找到關於這種地圖的直接證據。一九七一年，倫敦大學學院的歐基夫使用微電極觀測了老鼠海馬迴中的神經細胞活動時發現「位置細胞」（place cells）[67]：當老鼠身處盒子裡的某個特定位置時，海馬迴裡的某些位置細胞就會變得活躍。也就是說，當老鼠處於某一個位置時，有一些細胞會反應，當老鼠移動到另外一個位置時，又有另一些細胞會反應。他當時提出了一個和托爾曼理論相呼應的主張，他認為這一些「位置細胞」表徵了外在空間，並在可以在腦中建構出一張認知地圖，透過這張認知地圖，老鼠就可以記住空間位置並且不會迷路。

在當時，「位置細胞」其實是個很新穎的看法。七〇年代的學術界雖然認為海馬迴和記憶有關，但卻沒有想過海馬迴和空間記憶以及導航有關。大部分的人都認為，海馬迴應該是和氣味記憶有關。當時大家普遍的批評歐基夫，認為這些「位置細胞」應該是「氣味細胞」才對，一定是歐基夫沒有辦法抹去空間中的老鼠氣味，所以老鼠才會在迷宮中不同的地點聞到不同的味道，這些神經細胞也才會被激發。這或許也是他這篇原創研究只發表在普通的期刊，而沒有辦法登上頂級期刊的原因。這項發現，也因此一直沉潛無聞。

格狀細胞

時間又這麼過了三十多年。終於，時來運轉。這一回，主角換成了歐基夫的博士後學生夫妻梅布里特．穆瑟（May-Britt Moser）、愛德華．穆瑟（Edvard I. Moser）。

二〇〇五年，他們為了進一步研究位置細胞的訊息來源，決定阻斷老鼠海馬迴中某些會把訊息傳給位置細胞的神經網絡。他們原本想要藉此找出位置細胞的訊息來源，但沒想到，當老鼠移動到特定的位置時，這些位置細胞竟仍會活躍。

由於該實驗中唯一沒有被阻斷的神經路徑就是來自內嗅皮質（entorhinal cortex）的

連結，因此他們便進一步著手探究內嗅皮質內的細胞活動。結果就意外發現了「格狀細胞」（grid cells）[68]。

他們發現當動物移動到圍欄中的某些位置時，內嗅皮質中的許多細胞都會活躍，就跟海馬迴裡的位置細胞一樣。兩者的差異在於，內嗅皮質中的每一個細胞並不只會針對單一一個空間位置有所反應，而是對許多空間位置都有反應。

這些內嗅細胞反應時所對應到的諸多空間位置，連起來就像是一個格子。這些格子就有點像是一般地圖上由經線和緯線所構成的方格一樣。它們可能負責提供了距離和方向的資訊，可以幫助動物根據身體運動所產生的生理訊號，而不用依賴環境資訊來追蹤自己的移動軌跡。

頭部方位細胞

除了格狀細胞，他們還在內嗅皮質中找到了一種先前曾經被發現過的「頭部方位細胞」：當老鼠的頭朝向某個特定方位時，這些細胞就會活化。

內嗅皮質中的許多「頭部方位細胞」也和格狀細胞的功能類似：它們所對應到的空間位置也呈現出格子狀，但是只有當老鼠站在這些位置上、並同時把頭朝向某個特定方位時，這些細胞才會有所反應。

這些細胞就好像是動物身上自帶的指北針一樣，只要觀測這些細胞的活動，我們就可以知道任何一個時刻中相對於周遭環境的動物頭部方位。

邊界細胞

幾年過後，這對夫妻在二〇〇八年又在內嗅皮質中發現了另一種細胞。這種「邊界細胞」會在動物靠近牆壁、圍欄邊界，或是其他用來區隔空間之事物時有所反應。它們似乎可以計算動物與邊界之間的距離。

邊界細胞的訊息會傳給格狀細胞，讓它們可以接著運用這項資訊來預測動物已經離開牆壁有多遠，並且建立起一個參考點來提醒自己一段時間後的牆壁位置。

速度細胞

最後是二〇一五年，又有第四種細胞登場。這種細胞會反映出動物的奔跑速度，無論動物的位置和方向為何。這些細胞的放電速率會隨著動物的移動速度而加快。如果「速度細胞」和「頭部方位細胞」配合，它們應該可以持續提供格狀細胞各種關於動物移動的最新訊息，包括速度、方向，以及自己和起始點之間的距離。

科學家猜測，海馬迴裡的導航系統並不只是能夠幫助動物從一個地點移動到另一個地點。除了從內嗅皮質接收關於位置、距離、方向和速度的資訊之外，海馬迴還會記錄下何處存在什麼事物，例如某個地方的某個路標，或者在該處發生過的某件事。因此，位置細胞所創造的空間地圖除了包含動物的導航資訊，也包含了動物的經驗，非常類似托爾曼的「認知地圖」概念。

這些就是二〇一四年諾貝爾生醫獎的相關研究與發現，它們顯示出視覺影像分析的第三項重要功能，就是藉由分析周遭環境和地標來幫助生物體進行空間定位，好讓自己不會在環境中迷路。托爾曼在將近九十年前所提出的「腦中空間地圖」理論，如今終於逐漸真相大白！

以視覺訊息進行溝通

當視覺的基本功能——物體和位置辨識——完備之後，各種生物也開始更進一步的開發視覺的其他可能功用。其中一項很重要的功能就是：除了被動收集資訊之外，視覺也和嗅覺與聽覺一樣可以被用來當做生物間溝通訊息的管道。

最簡單的一種視覺溝通形式，就是生物發光（bioluminescence）以及兩性異型（sexual dimorphism）。比方說螢火蟲、鮟鱇魚以及各種深海生物，都可以透過閃爍的螢光來進行求偶、欺敵或誘敵等行為。而許多生物的雄性和雌性也都分別具有不同的體型和顏色，好讓彼此可以輕易的辨識出對方的性別。

此外，透過改變身體顏色，也能達到溝通的作用。例如軟體動物中大腦比例最大的烏賊（cuttlefish），就很善於利用身體顏色的變化來進行溝通。在最近的一項研究中，科學家找到了一項驚人的發現：雄烏賊竟然也懂得在身體兩側展現出不同的圖案，以同時進行「求偶」與「欺騙」的功能[69]。澳洲的生態學家布朗（Culum Brown）發現，如果雄烏賊在求偶時出現了其他的雄性競爭者，那牠面對著雌烏賊的那一側身體就會呈現出雄性的求偶花紋，但是面對著其他雄性烏賊的那一側身體則會呈現出雌性的花紋。布朗的研究團隊發現，當有好幾隻雄烏賊在同時求偶時，就有三九%的機率會觀察到這個現象。但是如果只有一隻雄烏賊，則完全不會出現此現象。科學家猜測，雄烏賊的這個舉動，可能就是透過雙面變色來進行欺敵戰術，透過這種方式，牠就可以在求偶時混淆其他雄性競爭者，這種做法不僅可以避免其他雄烏賊來和自己打架，甚至還可以讓其他雄烏賊把時間浪費在追求錯誤目標上。真可謂一舉數得。

至於在許多靈長類身上最常見的顏色溝通方式，就是改變膚色。舉例來說，當身體較健康時、生氣時、雌性排卵時[70]，以及雄性體內男性荷爾蒙（睪固酮）濃度較高時，臉部都會透出紅潤的顏色。這些特徵，都透露著與生存和繁衍息息相關的重要資訊，比方說身體健康和排卵時就代表對方是適當的交配對象，睪固酮濃度代表著社會地位高低，對方生氣與否則會影響個體在社交和競爭階級地位時的情勢判斷。

另外一種可以透過視覺傳遞的溝通訊息，就是透過表情以及身體姿勢。例如狗在生氣時會皺起鼻根、齜牙咧嘴，而貓在防禦時，還會拱起身體並豎直身上的毛。有一些表情甚至也可以在嚙齒類動物的臉上觀察到，例如加拿大的心理學家莫吉爾（Jeffrey Mogil）就曾經記錄下小鼠表達痛苦的表情，包括眼部縮小、鼻子與臉頰隆起、兩耳分開向後以及鬍鬚異常擺動等[71]。

在人類身上，身體姿勢更是被廣泛的作為傳遞訊息之用。而在人類的各種姿勢訊息傳遞方式中，手勢則是最特別的一種。有些人甚至主張，手勢就是人類語言的前身。這個理論的支持證據，來自於手勢和語言異常密切的關係。比方說，我在達特茅斯學院念書時，系上的教授派提多（Laura Ann Petitto）就曾經觀察暴露在手語環境的嬰兒，並且發現了一個有趣的現象。她發現，正常嬰兒在七個月左右就會開始運動口腔和發聲器官來發出類似語言的聲音，有趣的是，暴露在手語環境的嬰兒（雙親失聰或無法言語而僅使用手語）也是在七個月左右時開始運動手部來產生類似手語的姿勢[72、73]。

此外，手勢和語言之間的替代性和互補性，也顯示出兩者關係密切。比方說兩歲前的幼兒常會用指點的手勢來指涉物體，但他們稍後學會說物體的名字後，指點手勢出現的機率就會大幅減少。同時，當孩童長大並開始使用語句時，他們用來輔助說明的圖解式手勢（iconic gesture）和拍擊式手勢則會跟著增加[74]。

語言和手勢的密切相關性，也可以從大腦處理姿勢與手勢訊息的方式看出端倪。腦造影研究顯示，布洛卡語言區和維內基語言區都會活躍[75]。這些密切的相關性發現，也讓許多人認為人類語言的前身可能就是手勢[76]。

新的挑戰

以上的這幾種感官能力，就是大腦在殘酷演化過程中發展出來的關鍵軍備。透過這些軍備，神經系統帶領著身體中一起共生的其他生理組織和系統一路過關斬將，並發展出大腦的演化高峰：哺乳類的大腦。

第四章 掌控一切的基因

我們都只是被莫名力量操控的傀儡。

——德國思想家畢希納

阿爾塔米拉洞的壁畫

一八六八年，西班牙獵人裴瑞茲（Modesto Peres）帶著他的獵犬，來到坎塔布理亞（Cantabria）山丘附近打獵。到達阿爾塔米拉（Altamira）區域時，他的獵犬突然驚叫一聲，接著便憑空消失。百般搜尋之後才發現，原來獵犬掉入了草地裡某個隱密的裂縫，而裂縫的另一頭，則是從來沒有人發現過的一個洞窟。救出獵犬後，裴瑞茲把這個發現回報給該土地的主人：西班牙法學家桑圖奧拉（Marcelino Sanz de Santuola）。由於桑圖奧拉早就知道那塊丘陵地中布滿洞穴，因此他並沒有把它放在心上。

同一時間，科學界則發生了一件大事。一八五九年，達爾文出版《物種起源》，在英國哲學家斯賓塞（Herber Spencer）的推波助瀾下，演化論迅速風靡整個西方科學界。到了一八七〇年代，這個新潮的概念已廣泛的傳入知識圈與一般大眾。不少喜愛附庸風雅的西方上流社會人士，也跟著興起了一股尋找奇特生物和古代化石來支持演化論的風潮。

這股風潮，當然也感染了桑圖奧拉。一八七五年，桑圖奧拉得知歐洲許多洞穴陸續出土了不少史前文物，對考古向來頗有興趣的他，便開始在自家土地上到處東挖西掘，結果在阿爾塔米拉洞穴附近挖出了不少馬格德林文化時期（Magdalenian，歐洲的舊石器時代晚期）的文物遺跡。

雖然這些文物並不是什麼重大發現，但是卻足以持續點燃桑圖奧拉的考古興致，讓他願意一再前往該區域探索。而他的五歲女兒瑪莉亞，也成了他到處挖掘考古時的固定夥伴。這位充滿好奇心的小女孩，不斷要求爸爸深入洞穴探險挖寶，不過保守的桑圖奧拉卻總是拒絕，因為他認為古代人類應該只會在山洞的洞口附近活動，深入山洞挖掘，只會徒勞無功。

到了一八七九年的某一天，好奇心與叛逆心愈來愈強烈的瑪莉亞，再度吵著要深入山洞探險，拗不過女兒的桑圖奧拉，終於讓瑪莉亞帶著蠟燭進去一探究竟。瑪莉亞捧著蠟燭，瞬間消失在漆黑的洞穴之中。過不了幾分鐘，洞中傳出幾聲驚叫：「Toros! Toros!」。

好吃成性的老饕讀者們聽到「Toros」，可能會誤以為是大家所熟知的鮮切牛排「Toros」，或是聽起來酷似「Toro」的鮮美鮪魚肚，不過在西班牙文中，「Toros」的意思就是公牛。聽到女兒驚聲尖叫的桑圖奧拉，當然不會以為女兒會突然在山洞中想吃牛排、或者是不小心踩到鮪魚肚，最有可能的狀況，就是在洞中遇到了野牛，桑圖奧拉驚懼地拔腿狂奔而入，沒想到進入洞穴後，立刻被眼前的景象所震懾。他在燭光搖曳之中抬頭一看，立刻轉懼為驚、由驚生喜，現入眼簾的，竟是一幅長達六公尺的野獸彩繪圖。桑圖奧拉立刻明白，這幅壁畫即將改變世界（圖八）。

這個洞穴，就是目前眾所周知、以史前藝術而聞名全球的阿爾塔米亞洞。現在我們已經知道，其歷史遠達兩萬五千年之久。但是在當時，沒有人知道它的歷史有多久遠。桑圖奧拉在隔年於葡萄牙里斯本召開的史前國際會議上，發表了這項發現。演講結束後，全場陷入一片詭異的寧靜，因為當時的考古學家都認為史前人類都是粗鄙的野蠻人，不可能擁有藝術能力。很快的，眾人就開始質疑桑圖奧拉作假，當時的法國考古學權威莫爾蒂耶（Gabriel de Mortillet）甚至重口批判桑圖奧拉的發現完全是「錯誤且瘋狂的」[1]。

一下子從天堂被打入地獄的桑圖奧拉，在八年後抑鬱而終，阿爾塔米亞洞也從此封洞。桑圖奧拉過世好幾年後，氣憤的瑪莉亞依然不願意讓任何人進入洞穴探視。終於到了一九〇二年，其他地點出土的證據逐漸開始支持桑圖奧拉的發現，當年抨擊桑圖奧拉最為猛烈的法國考古學家卡爾達伊拉（Émile Cartailhac）與同事便親自來到阿爾塔米亞洞，說服瑪莉亞讓他們進入考察。親眼見到壁畫的卡爾達伊拉就和二十三年前的桑圖奧拉一樣，完全為之震懾。知道自己犯下錯誤的卡爾達伊拉，隨即在《人類學》

（*L'Anthropologie*）雜誌上公開道歉，桑圖奧拉的名聲也終於獲得平反[2]。

雖然桑圖奧拉無緣親眼見到他的發現被世人所認可，但是現在我們每個人，都得以透過亙古不退的壁畫型式，活生生的見識到遠古人類大腦裡的藝術與創造力。究竟大腦中發生了哪些生理變化，讓其體積變得愈來愈大，而人類也變得愈來愈聰明？究竟人類大腦在演化的過程中遭遇到何種壓力，竟然能夠出現抽象的藝術天分？我們現在就把鏡頭拉回古生代，看看這一切的始末為何。

哺乳類的誕生與其大腦的演化

約莫三．六億年前，原始魚類開始進軍陸地，水陸交界處出現了兩棲類，並進一步演化出可以完全脫離水域的爬蟲類。到了約兩億年前，原始的哺乳類終於現身。

在哺乳類出現之前，動物只有原腦皮質（allocortex）。原腦皮質包含了最古老的舊皮質（archicortex），例如海馬迴，以及次古老的古皮質（paleocortex），例如嗅覺皮質和梨狀皮層。這些比較古老的大腦皮質，都是只有三層神經細胞的結構。

到了哺乳動物身上，則演化出了新皮質（neocortex）。與原腦皮質不同的地方在於，新皮質是具有六層神經細胞的結構，專司各種感官訊息的細部分析，以幫助生物做出更靈活的行為和反應。

哺乳類的新皮質：智慧競賽

哺乳類為什麼會演化出新皮質呢？這其實也是生存遊戲中的軍備競賽結果。

原始哺乳動物出現的侏羅紀前期，正是巨型恐龍橫行地球的年代。關於恐龍巨大體型的成因，各種理論爭奇鬥艷。比方說，當時的盤古大陸幅員遼闊，讓恐龍擁有幾乎無限的生活和成長空間。此外，當時大氣中的二氧化碳濃度似乎較高，並導致植被茂盛，植食性恐龍可能因為擁有不虞匱乏的食物和營養而得以往大體型演化。除了二氧化碳外，當時大氣中的氧氣濃度也比較高，這使得生物可以不用把資源貢獻給呼吸系統，並得以發展身體中的其他系統，例如更大的體型。此外，屬於冷血動物的恐龍如果擁有巨大體型，也有助於體溫保持恆定。

除了這些環境和生理因素之外，另一項可能導致生物體型愈大的原因，就是演化競爭。在當時，包括恐龍自己在內的眾多生物，都面臨到空前的掠食與被掠食壓力。部分草食性恐龍在肉食性恐龍的獵殺威脅之下，演化出愈來愈大的體型，好讓牠們能夠抵禦肉食恐龍的攻擊。而掠食者與被掠食者的演化一直是雙向的，有鑑於部分草食性恐龍的體積愈來愈大，部分肉食恐龍也演化出同樣巨大的體型。於是，在上述種種原因的促成之下，眾多恐龍全都變成了龐然巨物。

但是被掠食者的演化方向並非只有朝向大體型一途，當某些掠食爬蟲類的體積變得愈來愈大、並對原始小型哺乳類造成重大威脅時，這些哺乳動物的祖先們發展出了另一種制衡與對抗的方式，牠們不稀罕龐大的身軀，而是轉而演化出更大、更聰明的大腦，讓牠們能夠透過更快、更靈活的反應來對抗掠食者。

斷層掃描判定遠古大腦形態及功能

由於大腦是軟組織，無法留下化石，因此大腦演化的研究學者們一直很難找到古代大腦的形態證據，也很難藉此推測當時大腦的功能。幸運的是，大腦雖然不會形成化石，但是頭顱卻可以。也因此，許多學者便一直覬覦著博物館中的古生物頭顱化石，希望有朝一日，可以敲開這些化石頭顱，然後透過測量頭顱內的空間來估算大腦的形態和功能。

例如德州大學奧斯丁分校的古生物學家羅爾（Timothy Rowe）就曾經在一九八〇年代參觀過哈佛大學的化石收藏，並希望能敲開一．九億年前的原始哺乳類頭顱化石以測量大腦的形態。

想當然爾，博物館長是不可能答應這種要求的。不過，數十年後，新科技幫助羅爾以及其他大腦演化學家們完成了這個夢想。透過電腦斷層掃描，羅爾的研究團隊成功的重建了原始哺乳類頭顱化石中的大腦形態[3]。結果發現，原始哺乳類的大腦有著異常發達的嗅覺與觸覺區域。

躲避恐龍的方式：依靠嗅覺與觸覺摸黑活動

羅爾檢視了兩種原始哺乳動物，一種是三疊紀的摩爾根獸（*Morganucodon oehleri*），其化石大部分發現於英國，少部分發現於中國，另一種則是侏羅紀早期的吳氏巨顱獸（*Hadrocodium wui*），其化石最早在一九八五年出土於中國祿豐。

電腦斷層掃描發現，這些原始哺乳類的大腦中已經有新皮質，而且牠們的嗅球和觸覺區還異常巨大。科學家因此猜測，原始哺乳類可能是依靠嗅覺和觸覺來捕食小昆蟲的夜行性動物，這種生活方式，有助於躲避白天的恐龍威脅。

哺乳類重見天日

到了大約六千五百萬年前，恐龍滅絕，倖存的哺乳類終於重見天日。有一些雜食性的哺乳類為了較豐富的食物以及較安全的棲地，便開始往樹上移動，這些哺乳類，就是現今靈長類的祖先（圖九）。由於牠們不再是夜行性，而且樹居生活也極需透過視覺來判定三維空間中的深度，因此視覺再度成為舉足輕重的感官能力。這個關鍵的演化歷程，使得視覺皮質在靈長類大腦新皮質的比重上升到了五〇%以上[4]。

群體化與社會化

重見天日後的哺乳類，特別是靈長類，很快就又面臨到另一項巨大的演化壓力：群體合作。當少數幾個個體在無意間出現合作關係後，牠們的生存競爭能力竟然瞬間大增，相較之下，無法與其他個體合作的個體，或者無法有效與其他個體合作的個體，則紛紛成為了演化洪流中的浮屍。殘存下來的個體，也不得不持續增強自己的基本智能和溝通能力，以有利於更進一步的群體合作。就像演化早期許多單細胞生物聯合起來取得競爭優勢一樣，以多擊寡的戲碼又再一次上演，只不過這一次不是細胞和細胞之間的聯繫合作，而是個體和個體（大腦與大腦）之間的溝通協調。

在群體化與社會化的壓力之下，大腦不斷的適應、調整與演化，高階的智能應運而生，認知能力也變得愈來愈強大。這種關於「社會群體生活可以型塑智能與大腦」的演化理論，就叫做「社會腦假說」（social brain hypothesis）。

社會腦假說

社會腦假說的主要提倡者之一，是英國的人類學家鄧巴（Robin Dunbar）。鄧巴認為，早期靈長類智能的主要演化壓力，並不是來自生態環境，而是來自於群體化和社會化。在群體化和社會化後，社群中的個體如果想要順利存活，就必須發展出許多高階的認知能力，例如思考、溝通、合作、猜測、判斷情緒、欺騙以及反欺騙等能力[5]。

如果這個假說正確，那群體化或社會化程度愈高的生物，應該就會有更強大的大腦與認知能力。鄧巴分析了許多種哺乳類的生活族群大小和新皮質大小（新皮質與大腦容積的比值），發現群體大小和新皮質大小的確呈現正相關[6]。

除此之外，最近的腦造影研究，也發現了支持社會腦假說的證據。例如，倫敦大學學院的金井良太（Ryota Kanai）以及瑞斯（Geraint Rees）等人分析了一百六十五位受試者在臉書上的好友人數，並以此數值來代表他們在真實社會中的社交活躍程度。同時，他們也分析了這些受試者的大腦灰質密度。結果發現，臉書好友人數愈多，大腦中的右側上顳溝（right superior temporal sulcus）、左中顳迴（left middle temporal gyrus）

以及內嗅皮質的灰質密度就愈高[7]。

另一項由比克特（Kevin Bickert）和貝瑞特（Lisa Feldman Barrett）等人所做的類似研究，發現杏仁核的大小也和社交網絡大小有關[8]。由此可知，一個人所參與社交網絡大小，似乎與某些負責社會認知的腦部結構息息相關。

但是，相關不等於因果。說不定這些人是因為這些腦區原本就特別發達，才變得喜歡社交，而不是因為廣泛社交後，才導致這些腦區出現變化。有沒有證據可以顯示，是社交才導致大腦出現變化呢？

為了回答這個問題，牛津大學的神經科學家路斯沃（Matthew Ruthworth）和薩列特（Jerome Sallet）等人分析了二十三隻被安置在不同大小族群中的猴子大腦。由於這些猴子是「被迫」安置在不同大小的族群中，因此如果之後他們的大腦出現變化，就可以確知是因為社群大小不同所導致。

結果發現，如果猴子生活在大族群裡，牠們的中上顳溝（mid-superior temporal sulcus）和吻端前額葉（rostral prefrontal cortex）的灰質就會比較多，而且前額葉和顳葉之間的神經活動也會有較強的連結[9]。因此，社群大小似乎真的會影響大腦的結構和反應。

限制大腦發展的六道難關

演化至此，靈長類祖先的大腦已經相當聰明。但是如果想要發展出更進一步的智能，就得全面打通大腦中的任督二脈才行。而想要打通腦中的任督二脈，就必須先突破幾個關鍵的阻礙，例如進行更有效率的吸收和代謝能量、獲得更大的腦容量，以及建立更全面的大腦網絡連結等等。

此時，大腦演化的最大推手之一：「基因突變」，又適時的伸出了援手。就這樣，在六道「基因突變」的援助之下，大腦突破了六道難關，一步步邁向了智慧的巔峰[10]。

第一道難關：腦血流量不足

人腦的重量只占體重的二%，但是卻消耗全身二〇%的血氧和二五%的葡萄糖。這些能量，大多被用在腦神經細胞的電生理活動，以及腦中的廢物清理程序上。由於大腦需要消耗巨大的能量，因此大腦能否順利運轉、成長和演化的關鍵，就在於身體有沒有辦法滿足大腦的耗能需求。

在人類、黑猩猩和大猩猩尚未分家之前，人科動物祖先的大腦和現今其他非人靈長類的大腦可能差異不大，大約只消耗全身八%的能量。此時的大腦，並非不想要能量，但是由於受到大腦血流量的生理限制，出於無奈，也只能接受這樣的條件。

大腦在血流量不足的情況下，一如巧婦難為無米之炊。空有一身潛能的大腦，也只能縮衣節食的等待機會。一直到了大約一千萬到一千五百萬年前，終於一個叫做 *RNF213* 的基因發生正向突變，才改善了大腦後勤補給不足的窘境。

RNF213 基因有何功能？現代醫學和遺傳學研究發現，當人類的 *RNF213* 基因出現缺失時，會發生顱內大血管閉塞，並導致微血管出現補償性的增長。在X光片上，

RNF213 基因缺失的大腦看起來就像是霧狀的毛玻璃一樣，因此被稱為「毛毛樣腦血管病」（moyamoya disease）。

科學家因此猜測，一千萬到一千五百萬年前的 *RNF213* 基因可能發生了正向變異，並因此導致了頸動脈的直徑擴張，讓流往大腦的血流量大增[11]。

第二道難關：大腦無法從血液中有效獲取能量

血液中除了氧氣之外，最重要的物質就是葡萄糖。在突破上述第一道難關之後，進入大腦的血流量已經大幅增加，但是此時的大腦卻面臨到一個嚴重的問題：無法有效獲取血液中的葡萄糖。這就好比是眼前有一片魚蝦富饒的大海，但由於沒有適當的漁獵設備，身手再厲害的漁夫也只能悻悻然的望洋興嘆。幸好，這個問題也在及時的基因突變後迎刃而解。

這一次，前來救駕的是一個叫做葡萄糖轉運子的 *SLC2A1* 基因。科學家其實早就知道細胞在吸收葡萄糖時，必須依賴細胞膜上的一種蛋白質「葡萄糖轉運子」來搬運葡萄糖。有鑑於此，科學家便合理猜測：如果人類大腦變大的原因和其吸收葡萄糖的能力有關，那麼人類大腦中的「葡萄糖轉運子」應該會比猩猩大腦中的「葡萄糖轉運子」更多才對。

果然，科學家在檢視了葡萄糖轉運子基因 *SLC2A1* 在大腦中的表現量後發現，人類 *SLC2A1* 基因在大腦中的表現量比黑猩猩高出三倍。也就是說，人類大腦比黑猩猩大腦多吸收了三倍的葡萄糖[12]。更有趣的是，人類身體細胞中的葡萄糖轉運子基因 *SLC2A4* 的表現量，卻比黑猩猩低了六〇%。

同樣的，人類大腦還善於掠奪另一種叫做「肌酸」（一種胺基酸）的養分。人類大腦中負責控制肌酸搬運的 *SLC6A8* 基因和 *CKB* 基因表現量，也比黑猩猩與恆河猴高出兩倍。

換言之，和黑猩猩相比，人類的大腦細胞確實是葡萄糖和肌酸的「吸收高手」，不，更精確的說法應該是「掠奪高手」才對。身體細胞在神經細胞的淫威之下，只能無奈的讓出資源，讓大腦盡可能的吸收葡萄糖和肌酸。

第三道難關：大腦容量太小

男人有錢多作怪，大腦也一樣。大腦獲得了足夠的血流量、血氧和葡萄糖之後，資源豐沛，不但可以輕鬆應付認知運算和新陳代謝所需的耗能，甚至還有了擴充的本錢。但是有擴充的本錢，還得要有擴充的機會才行。在大約六〇〇～七〇〇萬年前，人類祖先剛剛與黑猩猩分道揚鑣，此時至少有三個基因變異，剛好援助了人類大腦的擴增。

第一個基因，就是名為 *ASPM* 的「異常紡錘狀小腦畸形症相關」基因。*ASPM* 基因所製造的蛋白質，可以確保神經母細胞進行細胞分裂時所需的紡錘體正常運作（紡錘體的工作，就是在細胞分裂時負責排列和分裂染色體與細胞質）。在現代人類身上，如果這個基因出現異常，神經母細胞便無法正常進行細胞分裂，就會出現「小顱畸形症」（microcephaly），導致大腦的腦容量只剩下四〇〇毫升，也就是和猩猩的腦容量差不多。

根據推算，*ASPM* 基因出現變異的時間點，大約就是人科動物剛剛現身的時候，而且在人類和猩猩這兩個物種分開後加速變異[13]。科學家因此推測，此基因可能和人類大腦擴增的現象密切相關。

第二個基因，是 *ARHGAP11B* 基因。這是一個只有在人類身上才有的基因。二〇一五年《科學》期刊上的一篇研究中，科學家把這個基因植入小鼠，結果發現小鼠的腦幹細胞明顯變多，而且皮質摺疊的程度也增強。根據推算，*ARHGAP11B* 基因出現變異的時間點，是在人類和猩猩分離之後[14]。因此，此基因可能也和人類大腦擴增及皮質高度摺疊的現象有關。

第三個基因，是 *HAR1* 序列。二〇〇六年，美國生物信息學家豪斯勒（David Haussler）的研究團隊在《自然》期刊上發表了一項研究報告，他們比較了人類和黑猩猩的基因體序列，試圖找出兩者之間差異最大的部位。結果發現，差異最大的位置，是一個長達一百一十八個核苷酸、名叫 *HAR1* 的「第一號人類加速區」序列。

進一步與其他物種比較後發現，當黑猩猩和雞這兩個物種於三億年前分開時，*HAR1* 序列的一百一十八個鹼基中只有兩個鹼基不同。但是，當人類和黑猩猩這兩個物種分開後的短短六〇〇～七〇〇萬年之間，*HAR1* 序列中就出現了十八個鹼基變異。由此可見，*HAR1* 序列在人類和黑猩猩分開後，出現了極為快速的變化[15]。

HAR1 序列有什麼功能呢？原來，*HAR1* 序列是屬於 *HAR1F* 基因的一部分，這個基因會在懷孕七～十九週之胚胎的某些特定神經細胞中表現，並影響大腦皮質的發展。懷孕七～十九週之胚胎發育時期，正是神經細胞分化和遷徙的重要時間。如果此基因出現異常，常常會演變成致命的平腦症（大腦皮質摺疊消失、面積變小）。

上述的三個基因正向變異，可能就是幫助大腦擴增的強力助手。在豪斯勒的研究中，其實還發現了其他四十八個「人類加速區」，目前他們正在積極尋找這些其他區域的功能及其對人腦的影響。

第四道難關：頭顱肌肉形成緊箍咒

在大腦獲得了大量血流、氧氣、養分，並且開始擴增之後，最後一道限制大腦增長的桎梏，大家一定猜不到是什麼。這項桎梏，沒想到竟然是用來保護大腦的頭骨和頭顱肌肉。當時的頭骨和頭顱肌肉結構十分強健，雖然它們提供的保護功能極佳，但是卻同時宛如是孫悟空頭上的緊箍圈一樣，牢牢束緊著大腦，讓大腦毫無增長的空間。

當時約是兩百四十萬年前，也就是人屬（Homo）現身的時刻。在分類學上，人屬和猩猩屬、大猩猩屬、黑猩猩屬，以及另外六種已滅絕的遠古人屬，如傍人屬和南猿屬等，都位於人科動物（Hominidae）之下。

人屬剛出現的時候，腦容量和其他人科中的近親相去並不遠，大約只有四〇〇～五〇〇毫升，但是在接下來的數十萬年之間，卻大幅提升了三倍，達到約一二〇〇～一五〇〇毫升。究竟是什麼因素導致腦容量大幅提升呢（圖十）？

先前提到的環境以及群體化壓力，雖然可以作為讓靈長類愈來愈聰明的演化驅力，但是在人科的各屬之中，人屬、猩猩屬、大猩猩屬和黑猩猩屬都面對著類似的環境以及群體化壓力，為何就只有人屬的腦容量出現大躍進？很顯然，其中必有他因。

那麼會不會是因為上述的三個基因突變，導致腦細胞數目不斷增加，並迫使頭顱和腦容量變大呢？雖然上述三個基因突變確實使得腦細胞數目增加，但是柔軟的大腦其實很難對堅硬的頭顱產生壓力。面對硬如磐石的頭顱，不斷增加的腦細胞只能透過形成大腦皺褶來把自己擠壓在固定的狹小頭顱空間之內，柔軟的大腦無論如何的膨大，包覆在外的堅硬頭顱總是安如磐石般的不為所動。

那究竟頭顱空間和腦容量爆發的起因為何呢？原來，這個腦容量大躍進現象的起點，可能和某一個基因突變有關，而且最令人訝異的是，這個基因竟然和負責咀嚼的咬合肌有關。沒想到，大腦緊箍咒的釋放者，竟然可能是看似風馬牛不相及的咀嚼肌基因突變！

二〇〇四年《自然》期刊上的一篇研究發現，在所有的靈長類當中，只有人類的 *MYH16* 基因出現了突變現象[16]。*MYH16* 基因負責製造一種叫做「肌凝蛋白重鏈」的蛋白質。在靈長類身上，這種蛋白質只出現在咀嚼肌群當中。當此基因突變而導致肌凝蛋白重鏈無法正常運作時，咀嚼肌群就會變得比較小、也比較無力。

科學家因此提出了一個理論：咀嚼肌群變小之後，可能意外釋放了該肌群對頭骨的束縛，使得腦容量獲得了擴充的機會。另外一個可能的效應，就是較小的咀嚼肌群也讓下顎骨變小，促成了更精巧的嘴形操控能力，讓語言發聲能力得以更進一步。

透過基因突變率的分析，發現此基因的突變時間大約是在兩百一十萬至兩百七十萬年左右，剛好與人屬出現的時間吻合[17]。

原來，小小一個「肌凝蛋白重鏈」的突變，竟然可能是現代人類的祖先腦容量暴增三倍的起始原因。肌凝蛋白重鏈功能異常，導致咀嚼肌群變小，因此破除了阻擋頭骨擴張的桎梏。這道封印一解開，腦容量就得以擴充。

第五道難關：神經網絡連結不足

隨著基因突變所帶來的前四道救援，腦細胞數量和腦容量都已經逐漸擴增。但是較多的腦細胞和較大的腦容量，並不一定就有較高的智商。最近的腦造影研究顯示，腦細胞和腦區之間的連結方式和強度，似乎和智商的關聯度更高[18、19]。

那麼，在人類大腦的演化過程中，要如何突破這場困境呢？是否曾經有過基因變異而導致神經連結出現變化？答案是有的！這個基因就是 *SRGAP2* 基因[20]。

SRGAP2 基因所製造的蛋白質，與神經遷徙和神經分化等功能有關[21]。它可以延緩

神經細胞成熟的時間，並且增加神經脊的數量和密度。神經脊是位於神經細胞樹突上的突起物，與來自其他神經細胞的突觸相連結。當神經脊的數量和密度增加時，也就形成了更多的神經連結。

值得一提的是，和其他靈長類相比，人類基因體中一共有二十三個基因擁有多個備份。*SRGAP2* 基因就是其中一個[22]。這二十三個人類特有的重複備份基因究竟扮演了什麼功能？又有多少與大腦有關？在不久的將來，我們就能夠知道答案。

第六道難關：智慧不足

在前五道「基因突變」的援助下，大腦獲得了更多的血流量和能量、腦細胞和大腦皺褶增加、腦容量變大，而且神經細胞之間的聯結也獲得了增強。但是想要發展出各種較高階的認知能力，包括簡單的語言和溝通能力，則需要更進一步的推力才行。

在大約五十萬年前左右，人類的 *FOXP2* 基因出現變異，讓語言能力變強，也讓人類的認知能力更向前邁進了一步。語言能力這玩意兒，真的是一種利人利己的能力。

擁有較強語言能力的人，不僅在社群團體中更具有生存優勢，也能對周遭的群體產生益處。例如，透過流利的語言，就有機會可以流通並傳承對整個群體都有利的資訊和知識。因此一旦個體之間的語言能力出現差異，人擇或性擇的過程就會從同伴之中挑選出語言能力較強的朋友或伴侶，並使這些人在演化之中勝出。

有趣的是，*FOXP2* 基因其實並不只和語言有關，它似乎和理解力以及記憶力也都有關聯。二〇一四年，麻省理工學院的神經科學家葛雷畢爾（Ann Graybiel）把人類的 *FOXP2* 基因植入老鼠，並測量了牠們的學習能力。結果發現，擁有人類 *FOXP2* 基因的老鼠比較容易把「敘述性的記憶」（例如「看到紅色就表示迷宮的右邊有食物」）轉化成「程序性的行為」（例如「在迷宮岔路口把身體轉向右邊就會找到食物」）[23]。

換言之，擁有人類 *FOXP2* 基因的老鼠似乎擁有較強的「學習力」或「知識形態轉換能力」。因此，當人擇或性擇的過程選出語言能力較強的朋友或伴侶時，其實也同時選出了學習能力較強的聰明夥伴。也因為如此，大腦又進行了一輪正向循環演化，如虎添翼般的邁向智能發展的高峰。

自私的大腦

神經細胞在演化的過程中，不斷拉幫結派、結黨營私，最終形成了聰明的大腦。大腦不但聰明，而且還看似非常自私，一路以來，它彷彿就是一個蠻橫貪婪的身體資源搜刮者，同時也是一個奴役著其他體細胞的無情統治者，即便在稱王後，它也依然奉行著「猛集權、高築牆、廣積糧、躲後方」的家訓。

除了先前介紹過的諸多演化過程之外，身體中的許多生理現象，其實也都顯示出一個跡象，就是演化似乎偏好讓大腦獲得較多的資源。例如血腦屏障、睡眠時清除腦中廢物、早產，還有犧牲身體來成就大腦成長等現象，都赤裸裸的顯示出大腦得利後的生存演化優勢，讓大腦彷彿變成了自私的化身。

血腦屏障

大腦就像是身體中的天龍國。既然是天龍國，就得有條護城河來對進出者進行把關。一般的搬運工人紅血球和各種雜魚，是不能進入天龍國的。只有搬運工人所搬運的貨物，水分子、氧氣、二氧化碳、血糖以及少數特殊分子，才能進得了天龍國。

大腦的這道護城河，就叫做血腦屏障，也就是血管和大腦之間的一道屏障。最早發現血腦屏障的人，應該可以回推到一九〇五年的諾貝爾生理醫學獎得主艾利希（Paul Ehrlich）。他在十九世紀末進行了許多染色實驗，當他將染劑注入小鼠的血液後，發現全身所有器官都被成功染色，但只有大腦除外。

在後續的實驗中又發現，如果把染劑注入腦中，就只有大腦會被成功染色。因此大腦與血液之間應該有某種屏障才對。可惜當時的顯微鏡並無法觀察到這麼細微的事物。一直到了一九六〇年，顯微鏡放大倍率出現了數千倍的成長，腦血管中的屏障才終於被證實。

這道屏障包含了三層組織：毛細血管上的內皮細胞、內皮細胞外的基底膜，還有在最外層負責支持內皮細胞的膠質細胞。這三層結構，把頭顱內的毛細血管包得幾乎密不透風。除了少數特殊分子之外，只有微小的水分子、氧氣和二氧化碳才能滲透過血腦屏障，就算是重要的養分例如血糖，也需要透過載體才能穿越。

血腦屏障的主要功能，就是在保護大腦。除了可以阻擋細菌之外，它也可以讓大腦不會受到血液中荷爾蒙的干擾。這道天龍國的專屬護城河，可真是羨煞了身體其他部位的所有器官。

睡眠與大腦除污

睡眠的功能是什麼？為什麼人要花掉三分之一的時間來睡覺？既然人們每天都必須睡覺，那睡覺應該有功能才對吧？畢竟，如果睡覺沒有功能，那麼熬夜後應該不會有任何不良後果，而且演化上也應該會出現不需要睡眠的生物。但是事實並非如此。熬夜會產生許多負面結果，而且只要是擁有複雜大腦的生物，都需要睡眠。因此我們可以合理推論，睡眠應該扮演著很重要的角色才對。

如果要大家猜測睡眠的功能是什麼，大家會怎麼說呢？大家最先想到的一種功能，應該就是睡眠可以保存體力。而且睡眠時生物會安安靜靜的躲在角落中，也能夠因此降低牠們被獵食的機會。

很可惜，大家最常想到的這個答案可能並不正確。因為生物在睡眠時其實是非常脆弱的。一般來說，睡眠時會失去意識，因此很難偵測到周遭的危險。如果真的需要保存體力並躲避獵食者，那保持意識清醒並安靜躲在角落的效果會更好。此外，這個說法也無法解釋為什麼食物鏈頂端的貓科動物（例如幾乎沒有天敵的獅子）會花那麼長的時間在睡覺。

睡眠的目的到底是什麼呢？目前的主流理論認為，睡眠的功能，可能在於身體的修補、發展與成長。例如當老鼠被剝奪睡眠後，免疫能力會變差，身體療癒傷口的能力也會下降。此外，睡眠也有助於身體的發展與成長。研究顯示，當進入腦波變慢的慢波熟睡狀態時，體內的生長荷爾蒙濃度也會上升。如果晚上進入熟睡的時間愈長，體內的生長荷爾蒙濃度也就愈高，有助於身體的發育和成長。

除此之外，睡眠可能也有助於鞏固記憶。例如當睡眠不足時，工作記憶會受到影響，陳述性記憶和程序記憶的表現也會變差。

但沒想到的是，最新的研究顯示，睡眠還扮演著一個前所未聞的重要功能：清理腦中廢物。美國羅徹斯特大學的生物學家內德加（Maiken Nedergaard）和高德曼（Steven A. Goldman）發現，老鼠在睡眠時，腦細胞之間的空隙會增大，腦脊液（在大腦腔室和空隙之中流動的液體）流動量會增加，有助於清理細胞代謝所產生的有毒物質。換言之，睡眠時可能就是腦部進行大掃除的時間。

由於這套大腦專屬的廢物清除系統是由腦中的膠狀細胞所負責主導，而其功能又非常類似身體中的淋巴系統，科學家便因此把它命名為「膠淋巴系統」（glymphatic system）。在正常的大腦中，類澱粉蛋白會負責清除許多蛋白質殘渣，其中包括β-類澱粉蛋白，當這套系統故障時，β-類澱粉蛋白就可能會聚集並在細胞間形成類澱粉斑，並導致阿茲海默症。

總的來說，睡眠時大腦仍然非常忙碌，無論是分泌生長荷爾蒙、鞏固記憶或是清理腦中廢物，都會在睡眠時加速運作。所以，把睡眠看成是大腦專屬的私人時間，其實一點都不為過。

大腦渴求能量與資訊，迫使母親早產

另外一個關於大腦自私的案例，可以從人類的早產現象看出端倪。這裡所謂的人類早產現象，並不是醫院中一般見到的早產，而是人類和其他靈長類相比時孕期較短的現象。

若以動物園中平均壽命可達五十歲的黑猩猩來說，其兩百四十天的孕期大約占平均壽命長度的一・三二%。而人類若以八十歲當成平均壽命，其兩百八十天的孕期大約占平均壽命長度的〇・九六%。相較之下，人類的孕期明顯短了許多。換個方式來說，若是以黑猩猩為標準，人類的孕期應該要長達十三個月左右才對。

為什麼人類的孕期會這麼短呢？傳統的「生產兩難假說」（obstetrical dilemma hypothesis）認為，這是因為人類為了直立行走，骨盆已變得比較狹小，但是骨盆太小，就會無法讓胎兒的頭顱順利通過產道，為了解決這個「想要直立行走」、但又「不能犧牲胎兒頭腦發育」的兩難，人類就演化出了早產這個方法，讓胎兒在頭顱發展過大之前趕快生出來。而事實上，人類胎兒的頭顱比率也確實比其他靈長類要小。例如黑猩猩的嬰兒出生時，頭顱大小約是成年黑猩猩的四〇%，而人類的嬰兒出生時，頭顱大小只有成年人的三〇%。

但是這個假說，最近遭到了挑戰。美國羅德島大學的社會與人類學家鄧斯沃斯（Holly M. Dunsworth）懷疑，如果較小的骨盆腔真的有利於行走，那麼骨盆較小的男性在行走時的能量消耗和結構運作順利程度，應該會比骨盆較大的女性表現更佳才對。但是實際的研究數據卻沒有發現明顯的不同[24]。

此外，如果人類嬰兒出生時的頭顱大小真的達到黑猩猩的標準，也就是達到成年人頭顱大小的四〇%，那母親的骨盆入口也只需要再擴增三公分左右。而研究顯示，現代婦女有些人的骨盆入口已經達到這個尺寸，而且這個尺寸對於直立行走的表現並沒有明顯的阻礙。

由此可知，人類的早產現象可能還有其他原因。有鑑於此，鄧斯沃斯和同事們便提出了另一個新的「代謝交叉假說」（metabolic crossover hypothesis）。他們認為，早產的原因，應該是母親的身體無法再負荷來自胎兒與自身的高能量代謝。當負荷達到極限時，胎兒就必須產出，不然就會危及雙方的生命。

那麼，高能量消耗的源頭是誰呢？大家應該不難猜到，答案應該就是胎兒的大腦。雖然目前沒有關於胎兒大腦消耗能量的明確數據，但是根據新生兒的基礎代謝率來預估[25]，剛出生寶寶的大腦大約消耗了全身能量的八七%。換言之，消耗巨大能量以至於母親身體無法負荷而必須早產的元兇，應該就是胎兒的大腦。

此外，瑞士的動物學家波特曼（Adolf Portman）也曾經在一九六〇年代提出過一個理論，認為十個月大的胎兒大腦已經有能力可以開始學習，所以提早出生或許大腦就可以及早開始進行學習。人類的早產或許就是因為具有這樣的學習優勢，才會從演化中脫穎而出。

大腦和身體搶能量，讓身體成長變慢

我們先前曾經提到，*RNF213* 基因突變，導致流往大腦的血流量增加。*SLC2A1*、*SLC6A8* 和 *CKB* 基因在大腦中的表現量增強，也使得大腦可以吸收更多葡萄糖和肌酸。

但是大家可能會質疑，這些證據並不代表大腦和身體真的在爭奪資源，或許身體中的資源原本就過剩，大腦只是把剩餘的資源拿去使用而已。

這種說法最近遭到了狠狠地打臉。二〇一四年的一篇研究顯示，大腦和身體之間似乎真的有「爭奪資源」的現象發生[26]。科學家猜想，如果大腦真的搶奪身體有限的資源，那麼當大腦使用愈多能量時，身體的成長應該就會愈慢。於是他們就測量了人類從嬰兒到成年之間各個階段的大腦葡萄糖代謝量。結果發現，在大腦發育最快速的兒童時期，大腦葡萄糖代謝量約占全身葡萄糖代謝量的四三%，相較之下，成人大腦葡萄糖代謝量只約占全身葡萄糖代謝量的二〇%。

而且更驚人的是，如果把嬰兒到青春期之間每個時期的大腦葡萄糖代謝量和身體成長速率進行比較後就會發現，大腦葡萄糖代謝量愈大，身體成長速度就會愈慢。例如嬰兒在六個月大左右，大腦葡萄糖代謝率就開始增加，而此時的身體成長速度也開始逐漸趨緩。到了四歲左右，大腦葡萄糖代謝量達到頂峰的四三%，而此時也是身體成長速度最慢的時候。一直要到青春期的前期（男生約十二~十三歲，女生約九~十歲），大腦葡萄糖代謝率才會平穩變低，而身體也開始出現快速增長。

由此可知，大腦使用能量的速率，幾乎完全和身體成長速度呈現負相關。可憐的身體，彷彿只能得到大腦使用能量後的殘羹剩飯，真可謂「腦門酒肉香，身有凍死骨」。大腦看似自私的案例，莫過於此。

文化演化

大腦除了獲得「基因突變」的援助以及發展出各種自肥機制之外，新演化出來的行為習慣和文化也促成了愈來愈聰明的大腦。

文化與大腦發展的正向循環

比方說用火與熟食就是很好的例子。由於第四道「基因突變」的意外援助，咀嚼肌變得比較弱小，食用生肉所必需的咀嚼能力也會跟著弱化。因此使用火來煮熟生肉的需求就跟著上升。（另外一種看法是，先有使用火來煮熟生肉的習慣之後，才讓咀嚼肌群變小的突變人種有了生存的機會。「咀嚼肌群變小」和「食用熟肉」兩者的因果先後仍不清楚，但是這並不會影響以下的推論。）

當熟食成為習慣之後，大腦很快就從中受益。因為比起難以咀嚼的生肉，熟肉更容易進食、消化和吸收。從熟肉中吸收蛋白質和攝取熱量的效率，遠比食用生肉和植物要高出許多。一旦人類可以從熟肉中快速且有效率獲得熱量，就不需要再把大量生理資源投注在消化道和消化食物這件事上，相對的，這些生理資源就可以被大腦所用。而且當吸收養分和熱量變得更容易時，大腦所獲得的能量和資源就更多、就可以長得更大，而人類也就愈來愈聰明[27]。

此外，一旦進食變得更有效率，人類就騰出了更多時間可以去從事覓食和進食以外的行為，例如發展獵具、工具，以及更頻繁的社交與資訊交換等等。如此一來，就形成了一個正向循環：更大更聰明的大腦幫助人類更容易取得食物和烹煮食物，有效率的進食則提供更多的能量給大腦成長，以及更多的時間讓大腦可以發揮所長。

靈巧的雙手讓大腦得以發揮其所長

在六〇〇～七〇〇萬年前，人類和黑猩猩分道揚鑣之後，還有一個和大腦沒有直接相關的重要基因也出現了突變：*HACNS1* 基因（就是 *HAR2*）。

大家還記得上面提到過的 *HAR1*「第一號人類加速區」序列嗎？這個 *HACNS1* 基因，其實就是 *HAR2*「第二號人類加速區」序列的別名，也就是人類和黑猩猩的基因體序列中差異第二大的序列（有十六個鹼基的差異）。

在胚胎發育期間，這段序列會幫助啟動其他基因，讓手部的發育更加精細和靈活[28]。雖然人類手部靈巧化可能和大腦的聰明與否沒有直接關連，但是手部靈巧化卻可以成功執行聰明大腦的想法和意念。透過工具和書寫，人類的思想和文化才可以具體化並傳承下去。試想看看，如果海豚有和人類一樣聰明的大腦，但是沒有手的幫忙，牠們就很難發展出工具與文明，就算大腦再聰明，也將無用武之處。

在一道又一道基因突變的推波助瀾之下，現代人類的祖先便與其他人科動物分道揚鑣，到了七～二〇萬年前左右，當時的人類大腦已經和現代人的大腦相去無幾。終於，人類大腦踏上了智能發展的高峰，開始逐漸擺脫「基因演化」的桎梏，並且走向了一條前所未見的「文化演化」之路。

文化演化

自從地球上出現生命以來，所有的生命型式都遵循著一個演化原則，就是「基因演化」，也就是必須透過基因變異來適應環境變化。每當環境出現大幅變化時，往往就會見到大量的生物滅絕，只有當其中有些物種或個體出現基因變異，才有辦法透過新發展出來的生物性狀存活下來。同樣的，當一個物種遷徙到差異極大的新環境中時，大多數的個體也都無法存活，只有那些因為基因變異而擁有特殊能力的個體，才能適應新環境。

但是當人類的大腦演化出足夠的智能之後，這個亙古不變的演化原則就開始出現動搖。在人類發展出語言、文字、工具，以及文化之後，不但開始可以透過製作衣服、房子、冷氣和暖氣等工具來適應新環境，還可以透過文字和文化傳承來把這些知識和技術一代一代的傳承並持續改良下去。這項能力，讓我們得以突破「基因演化」，而走向「文化演化」之路。這是地球有史以來第一次出現一種物種，可以在沒有基因變異的情況下就適應新環境。源自於熱帶非洲的人類，不需要基因變異就可以長期生活在寒冷的極地，沒有鰓和鯨魚般憋氣能力的人類，不需要基因變異就可以潛入數萬公尺深的海中活動，沒有翅膀的人類，不需要基因變異就可以在空中以超音速飛行，甚至還能進入沒有空氣的太空中探索。

除了強大的適應力之外，人類大腦的卓越能力，更是讓人類這個物種跳過了掠食者與獵物之間的長期軍備競演過程，一舉躍上了食物鏈金字塔的頂端。

一直以來，掠食者的演化都是按部就班、循序漸進的變動，只有當基因變異時，掠食者的掠食能力才會出現提升（例如咬合力增加、追擊速度變快等），受限於基因變異的速率，這個演化過程只能緩慢的進行。也正因為這個演化過程緩慢，獵物也才有時間透過同樣緩慢的基因變異機制來演化出對應的防禦方式，如更厚的皮毛、更快的逃跑速度等。

而人類大腦的優異表現，卻讓人類得以不需再經過基因變異，直接透過工具與文化傳承來發展出嶄新的強大掠食與適應能力。這項改變，讓地球的生態秩序整個風雲變色，人類所到之處，只見鬼哭神嚎、一片生靈塗炭。

自從智人踏上遷徙之路，世界各地的大型物種便首當其衝的面臨絕種的壓力。當人類在四萬五千年左右首次透過航海技術抵達澳洲後，在短短數千年內，包括袋獅（marsupial lion）和雙門齒獸（Diprotodon）在內，二十四種大型動物中的二十三種，全數滅絕殆盡。一萬六千年前，智人抵達美洲，人為的物種滅絕秀再度上演，在兩千年之內，包括劍齒虎和巨形地懶（ground sloth）在內的十多種巨型動物也全數絕跡。研究發現，當時北美洲的四十七屬大型哺乳動物消失了三十四屬，南美洲的六十屬也消失了五十屬。同樣的，北半球長毛象的生存空間也隨著智人擴散而不斷縮小，北極弗蘭格爾島（Wrangel Iland）殘存的長毛象，大約在四千年前也慘遭滅絕，與人類初次抵達該地的時間不謀而合。智人的擴散，讓全世界兩百屬大型陸生動物中的半數以上命喪黃泉。

總而言之，頂著一四〇〇毫升的「致命軟武器」的人類，在短短數萬年間搖身一變，成了地球上最強勢的物種之一。聰明的大腦，幫助人類擺脫了「基因演化」的限制，在「文化演化」的推波助瀾之下，人類的足跡上天下海、遍布地球的每一個角落，多數物種的生殺大權，更是取決於人類的一念之間。

在演化過程中叱吒風雲數十億年的主角「基因」，還是第一次被奪走了光環與風采，而這個大放異彩的傢伙不是別人，正是基因自己創造出來的奴才「大腦」。基因與大腦億萬年來如膠似漆的完美主僕合作關係，是否會因此生隙？睥睨群雄、權傾天下的人類大腦，是否會一直甘心屈居於基因之下？答案即將揭曉！

第五章　跳脫輪迴的反叛

自殺是唯一值得思考的哲學問題。

——卡謬

數十億年來，神經細胞在演化的過程中不斷的拉幫結派、結黨營私，最終形成了大腦。在物競天擇的壓力之下，大腦不得不走向一條看似自私的自強之路。一路上，它一手蠻橫的搜刮身體的資源、奴役其他體細胞，另一手則帶領人類成功的擺脫「基因演化」並走向「文化演化」。其意氣之風發，儼然充滿霸者之姿。

此時，一直不動聲色的基因則在暗處冷笑：「大腦啊大腦，你只不過是一個傀儡皇帝而已。賞給你做『基因載具』的頭目，你還真以為可以超越我的掌控？」

這裡所謂的「基因載具」，就是道金斯在《自私的基因》中曾經提到的一個概念。

他認為，小從單細胞生物的細胞本體、大至多細胞生物的軀體，都只是基因所創造出的一種載具、工具、武器或是「生存機器」。它們可以保護基因、幫助基因移動，並有利於基因與其他基因競爭。儘管在天擇與生存競爭舞台上亮相的都是這些載具，但是到頭來，遺傳的主角還是背後的基因。

然而身為載具之首的大腦，似乎已經隱然感受到基因這位影武者的存在。於是，不甘示弱的大腦在奮力演化出心靈以增強生存競爭力的同時，好像也暗地裡開始與基因繁衍的宿命展開對抗。究竟大腦有沒有辦法脫離基因的掌控，擊敗生物代代繁衍的輪迴命運呢？

人類已停止演化？

首先，我們來看看大腦最近的演化狀況。自從七百萬年前人類和黑猩猩分道揚鑣以來，已經歷經了無數次的基因突變和演化，大腦也出現了許多改變。但是先別說大腦有沒有在對抗基因，有些人認為，人類演化的腳步似乎早已停止，因此大腦根本沒有機會可以透過繼續演化來對抗基因。人類的演化真的已經止步了嗎？大腦的演化又是否仍然在前進？

天擇已經結束？

由於科技和醫學不斷的進步，使得新生兒和幼兒死亡率急劇下降，再加上人口增加以及世界持續開發，導致孤立的人類社群愈來愈稀少，英國倫敦大學學院的演化遺傳學家瓊斯（Steven Jones）因此認為，人類演化已經停止。英國生物學家兼電視製作人和主持人艾登堡（David Attenborough）也持類似的主張。他認為，當人類嬰兒的存活率超過九五%的時候，也就意味著人類的天擇已經結束。

不過，這樣的看法似乎太過武斷。科學證據顯示，有許多基因突變，其實都是在過去三～十萬年之間發生的。十萬年之於七百萬年，就有如是一天二十四小時的最後三十分鐘，但在這短短的期間內，人類出現了大規模的遷徙，飲食習慣也出現急劇變化，再加上氣候變遷和疾病的衝擊，人類基因變化速度之快，彷彿正在加速演化。

例如在約略十萬年前，人類開始逐漸發展出農耕技巧，農耕族群的後裔便演化出比較多份的 *AMY1* 唾液澱粉酶基因。四萬五千年前，*DARC* 基因突變，導致紅血球表面的化學素（Chemokine）減少，使得「間日瘧原蟲」（Plasmodium vivax）無法再輕易進入紅血球。大約在三萬年前，*EDAR* 基因突變，東亞人演化出較粗黑的直髮，同一時期，*ABCC11* 基因突變，導致乾耳垢。

在最近一萬年之內，也出現了不少基因變化。例如原本人類在進入成年後，乳糖酶的活性就會下降甚至消失，但是由於人類在過去數千年中開始飼養牛、駱駝和山羊，並食用這些動物的乳汁，部分成人便逐漸演化出活性乳糖酶。

除了基因自身會發生突變以外，基因還會和文化共同演化，並因此大大加速基因與文化的演變。比方說，當某些人發現自己已經可以代謝乳糖時，可能就會開始食用家畜的乳汁，由於這些人多出一種輕易可得的營養食物，其生存繁衍能力也會因此比其他無法食用家畜乳汁的人更強，這些人在生存競爭中勝出後，就會更大量的飼養家畜取用乳汁，促成畜牧與酪農文化的生成，而這樣的文化在資源匱乏的時期也很容易反過來加速淘汰掉沒有活性乳糖酶的人類。

此外，九千多年前，*HERC2* 基因突變，導致藍眼珠。三千年前，非洲和印度地區的族群出現血紅素基因突變，導致鐮刀型紅血球而不怕瘧疾原蟲。還有 *TYRP1* 基因突變形成金髮、*MC1R* 基因突變導致紅髮，也都是數千年內才發生的事。

由此可知，人類不但沒有停止演化，似乎還因為人口大量增加以及環境飲食劇烈變化而出現加速演化的跡象。

大腦似乎沒什麼改變？

雖然人類仍在快速演化，但是大腦呢？大腦是否仍有在持續演變？有一個耐人尋味的現象就是，二十萬年前的人類大腦硬體結構，其實就已經很接近現在的大腦模樣。為什麼這二十萬年來，大腦沒有出現明顯的變化？

關於這個問題，似乎沒人有明確的答案。或許大腦仍然不斷在演化，但由於這些變動都只是「隱藏性」的變化，因此很難一眼就辨識出來。例如隨著人口不斷的增加，愈愛社交的人可能就愈容易在大型社會中生存。在這種情況下，如果有基因變異會讓大腦更愛社交，擁有這樣大腦的人就可以在競爭中脫穎而出。

另外，對於物質、權力，或金錢的欲望愈強，可能也會愈容易適應當代資本主義的潮流。因此如果有基因變異可以讓大腦對這些事物有更強的欲望或更有效的資源獲取能力，或許也能幫助個體存活與繁衍。在新世代中大行其道的電子產品也可能會影響演化的方向，如果有基因變異可以讓大腦更容易適應或喜好這些快速且多工的虛擬事物，那麼該個體就會擁有更強的生存競爭能力。

大腦的明顯外部變化已經停滯？

如果上述的這些變化都不會造成大腦的明顯外部變化，那麼即使這些變化存在，也不容易被觀察到。至於是否真的存在這些「隱藏性」的變化，則仍有待科學進一步的驗證。

但是無論大腦是否真的在軟體上出現某些「隱藏性」的變化，我們可以確定的是，二十萬年來，大腦似乎沒有在硬體上出現巨大的「外顯性」變化。為什麼大腦沒有變得更大？腦細胞和神經連結沒有變得更多？神經傳導速度沒有變得更快？

或許，這是因為大腦繼續擴增的邊際效益已經非常低。邊際效益是一個經濟學中的概念，指的是每增加一單位消費時可以獲得的效益。一般來說，邊際效益會隨著消費逐漸增多而出現遞減的現象。例如當你很渴的時候，一杯水可以給你帶來很高的效益。但是第二杯水帶給你的效益，就會比較前一杯水的效益稍微低一點。當你喝了很多杯之後，效益還有可能變成負數。例如當你已經不想再喝、也喝不下更多的水時，那別人可能要付你錢，你才願意再喝一杯。

同樣的，大腦繼續擴增所能帶來的生存繁衍效益，很有可能已經無法再繼續增加。當大腦擴增所能帶來的生存繁衍效益已經很低時，那就不如把擴增所需的資源投入其他用途，才能在演化的過程中持續保有優勢。

另外一個類似的看法，認為大腦掠奪資源的量已經到達臨界點。如果再掠取更多的資源，身體就會不堪負荷，而造成兩敗俱傷。我們在第四章中看到，人腦在演化的過程中，從身體其他部位引入了更大量的血流，從肌肉細胞搶來了更多的葡萄糖，犧牲了咀嚼肌的強度以換取更大的腦容量。這些看似「自私」的行徑雖然造就了聰明的大腦，但是也讓身體強度下降了許多。例如我們的肌肉強度只有黑猩猩和獼猴的一半[1]。相較於牠們，人類的身體簡直就是不堪一擊。或許大腦對身體的掠奪已經到達了臨界點，再多一點點的掠奪，都可能會導致身體過於脆弱而不利於生存競爭。

還有一個可能原因，就是大腦繼續擴增可能會造成難產。大部分靈長類新生兒的頭圍都和母親的產道大小相當，但是人類的新生兒頭圍卻比母親產道還要大上許多，也因此，大部分的人類生產過程都必須有外力協助，不然很容易就會出現難產的狀況。雖然我們之前有提到，人類胎兒的頭顱可能還有增大的空間，卻因為能量代謝要求過高而遭到母體提早產出，但是不可諱言的，胎兒頭顱能夠繼續增長的空間極其有限。或許大腦的擴增程度對母親和胎兒的威脅已經逼近臨界點，因此無法在演化中繼續擴增。

看完這三個讓大腦結構不再變化的可能原因，眼尖的讀者們可能早已發現了一個共通點，就是這三種解釋似乎都涉及了一個關鍵通則：**大腦的演化不得危及生命**。換言之，基因載具的生命似乎比大腦的演化更重要！難道說，基因才真的是大腦背後的主宰？

基因才是幕後黑手？

一九七六年，英國的演化生物學家道金斯出版了演化生物學中的科普名著《自私的基因》，這本曠世巨作，開啟了一個關於演化的新理論時代，並讓世人得以重新省思演化的主角究竟是誰。

道金斯認為，在演化的過程中，互相競爭的主角雖然看起來是一個個的獨立生物個體，但是真正的演化單位，其實是基因。

各式各樣的不同物種，其實都只是基因的載具，都只是基因在競爭時所「創造」出來的幫手。無論是身體、肌肉、骨骼或大腦，都只是基因所製造出來的工具，這些不同組織和器官的存在目的，就是為了要極大化身體這個基因載具的適應力。當基因載具順利存活之後，基因也才能一代一代的傳遞下去。

從這個角度來看，大腦充其量也只不過是載具的頭目，無論大腦再怎麼自私，也仍然只是基因的產物，永遠也逃脫不了基因的掌控。換句話說，當大腦的自利行為與基因繁衍相牴觸時，前者無效。

「六道援助」終究還是來自基因

大家還記得在第四章中，當大腦在演化過程中觸礁時，獲得了誰的援助嗎？沒錯，在關鍵時刻，「六道援助」終究還是來自基因。原來唯我獨尊的大腦，似乎也得受限於基因。原來自以為霸主的大腦，也只不過是基因的馬夫而已。躲在背後操控一切的基因，讓大腦這位傀儡皇帝享有極大的權力，讓大腦可以恣意的操控其他組織和器官，更讓大腦可以無情的掠奪身體資源，但是每當大腦的自利行為危害到基因的繁衍時，就會嘗到血淋淋的教訓。這最後的禁忌，大腦似乎怎麼也跨不過去。

大腦對抗基因掌控？

但是大腦真的只能永遠服從基因嗎？大腦的過去或許如此，未來難道就不會出現轉折？大腦不是已經能夠透過「文化演化」來試圖擺脫「基因演化」了嗎？有沒有可能，大腦其實早已經在暗中對抗基因？現在我們就一起來看看以下幾個現象。或許在與基因的這場對抗之中，大腦還存有反敗為勝的一線生機。

首先我們要看的，就是大腦所產生的意識經驗。大腦之所以會產生意識經驗，可能是為了要幫助我們認識這個世界。但是弔詭的是，這些意識經驗有時候反而變成人類生活的一切。有時候，人們為了追求這些虛擬的意識經驗，竟然會做出「不利於生存繁衍」的行為，就彷彿是刻意在與基因對抗一樣。

心靈與意識：反噬主人的助手

每天早上起床後，意識經驗（就是我們的知覺、感覺或各種心靈現象）就如影隨形的伴隨著我們，直到晚上入睡，意識或心靈才會暫時消失。我們每個人都經驗過它，也對它非常熟悉。然而對於意識的本質，我們卻一無所知。人為什麼會有意識？它的產生機制為何？意識的本質到底是什麼？這些問題至今仍是一團迷霧。

雖然我們仍不清楚這些問題的答案，但是我們已經明確知道，意識和大腦有著極度密切的關聯性。

數千年來，許多偉大的哲學家和思想家，都對意識這個現象充滿好奇。例如法國的哲學家笛卡兒就主張，意識是一種非物質、類似靈魂的東西，可以透過腦中的松果體和大腦產生互動。雖然這種心腦二元論（心靈意識是非物質、大腦是物質）的支持者已經愈來愈少，但是笛卡兒似乎早就注意到心靈跟大腦之間的密切關係。

從十九世紀以來，神經科學更是發現了大腦與心靈在功能上高度相關的諸多證據。比方說加拿大的神經外科醫師潘非爾德（Wilder Penfield）為了治療癲癇，就曾經以電流刺激大腦各個部位，結果發現大腦和心靈的功能有明確的對應關係。諸如視覺、聽覺和觸覺等各種感覺，都可以找得到相對應的不同腦區。此外無論是生物模型或人類的腦造影研究，也都發現了類似的結果。

在眾多的神經科學發現一一出爐之後，大部分的現代腦神經科學家以及研究心靈問題的心靈哲學家，都傾向認為意識是大腦活動的產物。

好吧，如果意識是大腦活動的產物，那意識具有什麼功能？大腦又為什麼要產生意識呢？

意識讓我們得以認識世界，但是也讓我們脫離了現實

大腦產生意識（知覺或感覺）的原因，可能是為了要幫助我們認識世界。「透過意識（知覺）來認識世界」？這句話是什麼意思呢？

在進一步解釋之前，我要先問大家一個問題：「當我們在看世界時，是『直接』看到了世界，或只是『間接』看到世界呢？」很多人可能都會說，我們當然是直接看到世界，哪來的間接呢？

事實上，我們只是間接看到了世界。我們的各種感覺或知覺經驗，其實完全是大腦

的產物。我們真正「接觸」到的，只是大腦對這個世界的「虛擬摹本」。我們的感官在接收到外在世界的能量和資訊後，會產生電生理變化。這些電生理訊息傳入大腦後，大腦會對這些電生理訊號做出詮釋，重新創造出一個類似外在世界的「虛擬世界」。我們的感知經驗，就是這個虛擬世界。我們就是透過大腦所創造出來的「意識」或「虛擬世界」來認識世界的。

不相信嗎？請大家尋找一下身邊最強的光源，然後凝視著該光源，儘量不要移動眼睛。在心中默數十秒之後，再把視線轉移到視野中較陰暗之處，或者乾脆閉上眼睛。此時，由於視網膜上的細胞在強光照射後產生疲乏，就會讓你持續看到一些顏色或光影。這個有趣的現象，叫做後像（afterimage），它清楚呈現出一個事實：即使外在世界中不存在任何可以誘發視覺的事物（例如當你閉上眼或把視線移到視野中陰暗之處時），大腦仍然可以憑空創造出視覺內容。

視覺如此，其他各種知覺亦然！

由此可知，視覺意識完全是大腦所創造出來的感覺。也就是說，視覺只存在於大腦之中，而不在外在世界之中。事實上，不只視覺如此，我們所有的知覺經驗，也完全都是大腦的產物。除了上述的後像，我們在夢中出現知覺經驗，或是做白日夢時的知覺經驗，也都一再顯示出大腦具有憑空創造出知覺經驗的能力。

大腦透過感官，把外在世界的能量和訊號轉變成電生理訊號，接著這些電生理訊號再被轉化為知覺意識。而我們所經驗到的，就是這些由大腦產生的知覺意識。

這就好比家中的電視。電視台的攝影記者透過攝影機把光線和影像捕捉下來，這些訊息變成了電子訊號傳送到家中的電視，電視再把電子訊號透過畫素呈現在螢幕上。我們的知覺，就像是電視螢幕上的畫面。它們是對外在世界的一種「表徵」，雖然這個「表徵」和外在世界有很大的相似性，但是它並不「等同」於外在世界。我們的知覺意識，就只是這些二手的「擬真摹本」而已。

因此，我們只是「間接」看到了世界。我們看到的，是大腦對外在世界的「表徵」

或「詮釋」，而不是真實的外在世界。換句話說，我們的知覺意識，完全是大腦創造出來的虛擬「假象」。

不過，知覺意識雖然是虛擬的「假象」，它們卻非常「逼真」。在演化的過程中，大腦不斷嘗試錯誤，並逐漸修正它的模擬結果，最後終於發展出現在的模樣。大腦所模擬出來的知覺「假象」，在大部分的狀況下都十分正確，也因此，我們才能順利的透過這些知覺來和外在世界互動。

由此看來，大腦產生意識的原因，可能是為了要幫助我們認識世界。但是弔詭的是，這些意識經驗，有時候反而會變成人類生活的一切。為了追求這些虛擬的意識經驗，人們有時竟會做出「不利於生存繁衍」的行為。

愉悅感：性高潮、手淫與吸毒

人類有很多「不利於生存繁衍」的行為，其實都是因為我們為了追求虛擬的意識經驗（例如愉悅感）而導致。諸如追求性愉悅、手淫、吸毒、賭博、電玩、電影、小說、藝術、政治等等，說穿了都是人類追求虛擬意識經驗的行為。在這些情況中，心靈狀態脫離了原先演化的目的，反僕為主的成了人類魂牽夢縈的目標。

我們先來看看性行為這件事。

在沒有安全障蔽的環境中，生物進行性行為很容易使自己暴露在危險之中。而且，性行為也頗耗費能量。研究發現，性行為平均每分鐘所耗費的能量，大約接近慢跑平均每分鐘耗費能量的一半[2]。因此如果沒有明顯的誘因，生物其實並不會有很高的意願去進行性行為。

有鑑於此，在演化的過程中若是有某些生物的大腦意外地賦與性行為愉悅的意識狀態，例如性愉悅和性高潮，那麼該生物就會有強烈的欲望去進行性行為以獲取愉悅感，而這樣的行為，就可以幫助牠們在繁衍競賽中勝出。

這種獎勵似乎是一種很好的機制。不過，性高潮這個當初用來鼓勵性行為的「獎賞」，卻在演化的過程中脫離了性行為，變成人類趨之若鶩的追求目標。這個原本應該是作為「獎賞」的次要目標，反而超越了生殖，喧賓奪主的成了主要、甚至是唯一的目標。

不相信嗎？那就看看手淫吧，獨自一人偷偷摸摸的關在屋子裡，瞻前顧後的燃燒熱量，只為了獲得幾秒鐘的快感。這樣大費九牛二虎之力追求性高潮、但卻一點也無助於繁衍後代的行為，看在基因的眼中，或是看在以散播基因傳宗接代為首要的「基因沙文主義」者眼中，真的是十分荒謬。

不過，反對者可能會認為自慰並非全然無助於繁衍後代，因為有些研究似乎發現自慰的好處。比方說，有研究指出男性自慰可能有利於移除老舊的精子[3、4、5]，而且每天射精可能會提升精子的品質與活動力[6]。女性自慰則可以改變子宮頸酸鹼值以減少子宮頸感染機會，而在性交前後的自慰行為則可能有助於精子和卵子結合。

但是即使自慰真的可能有助於繁衍後代，我們仍須仔細觀察並思考自慰行為的最主要誘因為何。我的看法是：「促使人們願意花費氣力去自慰的主要動機，應該還是它所附隨的生理或心理快感。」而這個命題，其實是一個完全可以透過科學實驗方法來驗證的經驗命題。比方說，如果我們有辦法利用局部麻醉等實驗方式來去除自慰所帶來的

「精神獎賞」，我預測人們應該就會喪失自慰的動機和行為。

廢寢忘食的老鼠

此外，這種「精神獎賞超越生存繁衍」的行為，也不是只有人類才會、而且也並不只局限於與性有關的自慰行為。科學家早在一九五〇年代就發現，電刺激老鼠的大腦，也會讓老鼠產生廢寢忘食的上癮行為。

一九五三年，神經科學家歐爾茲（James Olds）在老鼠大腦中的隔核（septal nuclei）置入電極。歐爾茲原本以為，當老鼠進入房間角落並受到大腦電擊後，應該會學會避開角落，沒想到，老鼠竟然一直跑回那個角落，彷彿希望被電擊似的。後來深入研究後才發現，原來這個區域和附近的阿肯伯氏核（nucleus accumbens）以及扣帶皮質（cingulate gyrus），可能就是大腦中的「愉悅中樞」或「欲望中樞」。

刺激這個區域時，老鼠會變得廢寢忘食、一心只想著要繼續接受刺激，如果給老鼠一個按鍵，讓牠可以按壓按鍵來刺激自己的大腦，老鼠就會不斷重複按壓的行為，一小時甚至可以按壓數千次以上，直到筋疲力竭為止。

同樣是在一九五〇年代，精神病學家希斯（Robert Heath）也發表了一項極具爭議性的研究，他將電極植入許多患有癲癇和各種精神疾病的病人腦中，希望能夠透過刺激大腦來治癒這些病患。

結果發現，在刺激某些特定的腦區後，不少原本悶悶不樂的病人開始心情好轉、展露微笑，甚至會與人交談。但是一旦停止刺激，就會回復原本不快樂的狀態。

有一次，希斯還讓一名編號 B-19 的病人自己決定想要刺激的腦區和次數。結果這名病人在一次三小時的療程中，以電極刺激了自己的內隔核區域高達約一千五百次（就是歐爾茲電擊老鼠的同一腦區）。根據希斯的研究報告，B-19 病人在電擊時感到愉悅和溫暖友善，而且還不願意停止實驗。

這些類似成癮的反應，顯示出一個可能性：原本用來獎勵性行為或鼓勵其他各種費力行為的「愉悅感覺」，似乎可以獨立運作。無論是透過電擊、手淫、吸毒或透過各種自我刺激的方式，只要有機會刺激「愉悅中樞」，大多數人都很樂意而為。而且重點是，很多人甚至會願意「為了愉悅而愉悅」，即使這些行為不利於生存繁衍，也依然執迷不悔、我行我素。

由此看來，大腦在演化出意識狀態之後，某些意識狀態（例如愉悅感）在人們心中的地位，似乎變得比生存繁衍更加重要。先不論這種情況在道德上是好是壞，在此我希望讀者們跟我一起把注意力集中在它所衍生出來的一個特殊意義上：大腦似乎有機會擺脫基因的控制。

在上述眾多與心靈有關的現象中，我們可以隱約發現：透過意識與心靈，大腦似乎可以不再受限於基因的操控。以基因的角度來看，任何行為都應該要以促進生存與繁衍為優先，但是發展出意識的大腦，有時候卻樂於活在大腦自己所創造出來的虛擬世界，追求自己所創造出來的愉悅，甚至做出不利於生存繁衍的行為。

從自私基因的角度來看，這完全是大逆不道、不利於演化的逆天行為，但是從另一個角度來看，這些行為則顯示出大腦本身也是自私的（或者說是自由的），其自私／自由之甚，甚至到了可以對抗基因的地步。大腦不屈服於基因所重視的「生存繁衍效用」，寧願追求可以帶來愉悅的「心理效用」，就好像大腦也有它自己的自由與意志一般。

我們再來看看以下的例子，包括愛情、美感，以及對智性活動的喜好，其實也都變成了大腦展現其自由不羈的渠道。這些原本用來鼓勵生存繁衍的心靈狀態，後來全都可以獨立運作，讓大腦可以不再受到基因的宰制。

柏拉圖式的愛情

愛情這種心靈狀態的原始功能，應該有其演化上的益處。因為如果一種生物對其配偶會有「喜愛」和「占有」的欲望，那麼這種生物就可能比較願意「守護」或「霸占」配偶。如此一來，就容易形成較長期的配對關係。這種長期配對關係不但有利於互相照應以便生存，也有助於確保後代是自己的，同時還能讓照料後代的工作變得更容易。

但是就像愉悅感可以超越性行為而獨自運作一樣，愛情也可以。有愛無性的柏拉圖式愛情，時有所聞。各種為了得不到之愛情而自殞的淒美故事，也一直被眾人傳頌。這些例子，都顯示出人類的心靈有時會為了單純追求感受（戀愛感）而放棄原本與戀愛感密不可分的生殖繁衍行為。

昇華的美感追求

同樣的，對「美麗事物」的追求，也能夠從原本具有演化益處的行為，昇華成可以獨立運作的舉動。

「美」的心理感受，一開始確實可以為我們帶來演化上的優勢。大家只要觀察一下周遭「美」的事物，就會發現，追求這些「美」的事物，通常都會提升我們的生存或繁衍機會。

例如對大多數男性而言，電眼紅唇的女性十分性感美麗。對大多數的父母來說，大頭嘟嘴的寶寶也很漂亮可愛。其原因就在於：追求或保護這些事物之後，都可以提升自己或所屬族群的生存或繁衍機率。關於這一點，我曾經在前作《都是大腦搞的鬼》中稍微提過，以下就對於美的感受與演化再做一些更詳盡的分析。

在演化早期，某些人可能會「隨機」覺得某些事物很「美」，而且他們會對這些事物有欲望並進行追求。追求成功後，如果這些到手的事物剛好能夠提升他們的生存或繁衍機率，那這些覺得某事物很美且有占有欲的人，就會在演化的競爭中脫穎而出。那些事物，也就理所當然的成為他們心中或文化上認為「美」的事物。而我們，就是這些人的後代。

反過來說，如果某些人「隨機」覺得某些事物很「美」，但是追求成功後，這些到手的事物卻無法提升他們的生存和繁衍機率，那麼這些覺得某事物很美的人就會因為做白工而容易在演化的競爭中被淘汰。那些事物也就無法變成眾人認為「美」的事物。放眼所見，任何我們覺得不美的事物，其實就是那些追求後無法提升我們的生存或繁衍機率的事物。

換言之，由於男生追求女性可以提升繁衍機率，因此如果某些男性在看到女性時會產生特別的美感，那麼這些男性對女性的追求欲望就會比較強烈，他們的生存或繁衍機率就可能會更加提升。結果就是，這些男性在演化中存活下來了，同時，他們覺得女性很美的「美感」也存活下來了。

同樣的，保護寶寶順利成長，也可以提升整個族群的生存或繁衍機率，因此如果某個族群中的人看到寶寶時會產生特別的可愛感或愛心，那麼這個族群中的人就會有更強烈的欲望去照顧寶寶，他們整個族群的生存或繁衍機率就可能提升。結果一樣，這個族群存活了，而且他們看到寶寶時會出現的可愛感和愛心也存活了。

這個理論並不只局限於解釋「人」的美。包括「風景」，甚至是哲學家康德（Immanual Kant）認為的「壯麗」、「崇高」等美麗性質，似乎也可被這個演化心理學的理論所解釋。比方說，在遠古時期，某些人對「壯麗」事物（例如山川、江山、廣闊的土地）可能充滿喜好且會努力追求，當他們追求成功時（打下江山時），的確會因為獲得了更多資源而為他們帶來演化上的優勢。相對而言，對這些事物不會感到「壯麗」的人，就不會去追求它們，與前者相比，後者可能會因此缺乏資源而被淘汰。如此演化下來，身為前者的子孫的我們，自然就會認為廣闊高聳的山川非常「壯麗」、非常「美」。

同樣的，某些人追求「崇高」品德、操守或「知識」後，也可能會因為他們隨之產生的某些利他行為而為其帶來演化上的優勢。他們的後代勝出之後，「崇高」和「知識」也就自然成為「美好」的事物。

值得注意的是，這種美的感受和對美麗事物的追求，也和「愉悅感」以及「愛情」一樣，會出現昇華而獨立運作的狀況。例如帝王將相們可能會只愛江山而不愛美人（不愛傳宗接代），藝術收藏家們可能會出現收集名品的瘋狂癖好以至廢寢忘食而死，哲學家或博學家則可能會沉迷思索和一心追求知識而與世隔絕。

再一次，大腦似乎展現出自己的自由與意志，在這些例子中，我們似乎不時會為了追求某些感受而放棄生存繁衍。基因的桎梏，好像怎麼也攔不住無邊無界的自由心靈。

一切都是資訊處理而已

雖然上述的諸多例子看似有些弔詭，但是從資訊處理的角度來看，這一切似乎都變得非常合理。神經系統其實就是資訊處理系統。神經系統內部使用的是電訊號來處理資訊，和外界接觸的方式則是透過物理或化學介面，如人類的五官，因為這種設計的關係，只要介面傳來資訊，神經系統就會作用。

換言之，神經系統本質上就是不需要真實事件也能運作的資訊處理器。只要有訊號傳入就行。而人類之所以會沉迷於手淫、吸毒和電玩等「不真實」的刺激，正是因為這些虛擬刺激提供了非常類似真實刺激的資訊，有時候它們甚至比真實刺激更能有效的刺激我們。這種只要少許付出就有高效回應的刺激方法，完全符合資訊系統追求效率的目標。

不自由毋寧死：寧被演化淘汰也要拋棄生殖

大家可能會問，如果大腦真的拋棄了生殖，不就注定要被演化淘汰了嗎？沒錯，如果完全背離了生殖繁衍，的確就只有絕種一途。但是大家也應該反過來思考一下：如果大腦拋棄了生殖就一定會被演化淘汰，為什麼人類在歷史上仍然會陸續不斷的出現各種為了愛情、知識，或藝術而「昇華」的事例？為什麼人類寧願冒著被演化淘汰的風險，也要前仆後繼的追求精神上的滿足？

這個現象或許告訴我們一件事，就是即使明知做出某些選擇會被演化所淘汰，大腦也仍然義無反顧。「演化壓力也無法不讓大腦做出自由選擇」的事實，可能正是大腦對抗基因宿命的展現。

自殺也是大腦的自由展現

上述關於「大腦展現自由」的說法，似乎也可以解釋部分的自殺現象。

從演化生物學的角度來看，自殺是一種非常奇怪的行為。怎麼說呢？首先，如果自殺這種行為是由基因所控制，那麼由於帶著這種基因的人會自殺，因此其「自殺基因」就會無法順利遺傳下去，久而久之，「自殺基因」就會在演化的過程中被淘汰，而自殺行為也會從人類的行為中消失。

但是人類的自殺行為卻從來沒有消失過，因此根據歸謬法我們可以推論：應該不存在「自殺基因」。或者我們可以說，現今的自殺行為恐怕不是（或至少不全然是）

基因所為。好，如果自殺非關基因，那是什麼原因所致呢？社會學家涂爾幹（Emile Durkheim）在《自殺論》一書中主張自殺是一種由社會因素所導致的現象。他把自殺大致區分為四類：自我中心型自殺（egoistic suicide）、利他性自殺（altruistic suicide）、異常性自殺（anomic suicide），以及宿命性自殺（fatalistic suicide）。

這四種自殺類別，都是因為個人受到社會因素影響的結果。例如在自我中心型的自殺案例中，個人會因為無法融入社會團體而自殺（例如懷才不遇者）。在利他型自殺案例中，個人會因為社會團體執行所賦予的責任或命令而自殺（例如自殺炸彈客）。在異常型自殺案例中，個人會在社會出現重大變化後，因為喪失了某些既得利益後而自殺（例如經濟蕭條或重大災變後選擇自殺）。在宿命型自殺案例中，個人會因為無法對抗社會團體對自己造成的壓迫而自殺（例如囚犯或奴隸的自殺）。

無論社會因素是透過怎樣的機制影響個人行為，我們必須注意的一個重點就是：這些行為的最後決定者仍然是個人（或者說是大腦）。如果大腦沒有意識、沒有心靈、沒有足夠的認知能力和複雜度，那麼即使有社會因素的影響，也無法產生自殺的行為。在眾多社會性的生物中，只有人類會出現自殺行為。這或許正是因為人類的大腦已經演化出高度複雜的心靈，得以自由地追尋自己的目標，並因此有意或無意的和基因所操控的生存繁衍宿命進行對抗。

除此之外，透過離群索居的出世方法來進行精神上的自我修行，似乎也是在與基因的生存繁衍宿命進行對抗。在某些宗教或者靈修的派別中，都會透過禁欲，或甚至是離群索居的方法來追求精神上的提升。這種徹底斷絕生育的行為，看起來對基因的生存繁衍毫無助益，彷彿是大腦正在頑強抵抗基因的輪迴宿命。

反駁「大腦對抗基因論」？

看到這裡，不知道大家有沒有被我的「大腦對抗基因論」給說服。如果沒有被說服，你一定心中早就想到好幾種反駁的方式。如果已被說服，你可能也會好奇有哪些說法可以反駁我的理論。以下我們就來看看兩種可能的反駁：「基因陰謀論」以及「隨機錯誤論」。

基因陰謀論

基因陰謀論者認為，不管大腦和心靈如何演化與作為，都逃不出基因的手掌心。人類的確有許多「追求感受」（sensation-seeking）的行為，而且這些行為乍看之下都對生存繁衍沒有幫助，有時甚至看似還有反效果，但是只要我們仔細分析就可以發現，個人這些「追求感受」的行為，其實對「群體」所產生的生存繁衍總效益可能仍然是正值。

比方說，假設一個族群中每個人都有「追求感受」的行為，而且其中有八〇%的人的確會為了追求某些意識狀態而做出各種對生存繁衍毫無幫助的行為（例如手淫或吸毒）。但是這個族群中，如果有二〇%的人把「追求感受」的欲望投注在追求知識、滿足好奇心、透過工作獲得成就感、或創新科學等活動上時，這二〇%的人的社會產值，就有可能為整個族群帶來極大的利益，其利益甚至可能超過其他八〇%的人所產生的負面效果。若真如此，這個深陷於「追求感受」的族群就會比另一個毫不追求感受的族群更有競爭力，進而在演化中勝出。

從這樣的角度來看，讓大腦產生心靈、並且成為「感受追求者」，其實根本就是基因的一項巨大陰謀。因為基因在賦予大腦這個能力後，雖然可能會讓某些個體因此誤入歧途，但是只要有少數個體把「追求感受」用於正途，就可能為整個群體帶來巨大的利益。換言之，雖然個體的行為看起來是在對抗基因，但是從群體的角度來說，基因仍是因此受惠，因此大腦與心靈仍然只是基因的奴隸與幫手而已。

這種基因陰謀論，也可以解釋上述的自殺現象。比方說基因陰謀論者可以主張：「自殺基因」如果在某個年齡以上才會發生作用，此基因就可以在個體自殺前順利的遺傳下去，因為如果「自殺基因」只有在晚年才會發作，那麼自殺行為發生時，基因早已遺傳給下一代，所以不會被演化給淘汰。而且如果「自殺基因」只會在晚年發作，整個族群甚至還有可能因此而受益，因為年老的個體自殺後，社群中剩下的個體就可以分配到更多的有限資源，整個社群的生存和競爭能力也會因此而上升。從這種「群擇」的角度來看，「自殺基因」不但有可能存在，「自殺行為」可能還對族群有其益處。

這種「自殺」有益群體的現象，在細胞的層級上也不時的發生。例如生物體內老化的細胞會發生「細胞凋亡」（apoptosis）。從生理和演化的角度來看，這是細胞為了生物個體的整體利益而犧牲小我完成大我的自殺行為。因為如果細胞在該凋亡時不凋亡，就會不斷的使用並浪費資源，最後甚至可能會演變成癌細胞，導致生物個體死亡。

對於斷欲的宗教與精神靈修行為，基因陰謀論者也可以說：追求靈性的自我修行看似對基因的生存繁衍毫無益處，但是只要我們仔細分析就可以發現，當一個社群中的某些個體產生這些行為時，他們可能就會引發風潮並成為精神領袖，其追隨者可能會因此而創造出某種特定文化、行為規範，或甚至是宗教教條來對社群產生道德約束力，如果這樣的結果有助於維繫社群、讓社群更加穩定，那麼個人追求精神提升的斷欲行為，就有可能在無意間對整個族群的生存繁衍產生正面效益[7]。

此外，基因陰謀論也可以輕鬆解釋為什麼世界之中存在著許多「利他行為」。傳統演化觀點認為，演化的單位是生物個體，而在生存競爭的過程中，「演化會選擇出最能夠生存繁衍的生物個體」。但是這種傳統觀點卻無法輕易解釋「利他行為」。例如「捨己救人」這種利他行為，就不符合「演化會選擇出最能夠生存繁衍的生物個體」的傳統演化原則，因為願意捨己救人的人，有較高的機會會犧牲自己而死去，相較之下，不願意捨己救人的人則有較高的生存繁衍機率，久而久之，所有願意「捨己救人」的人應該都會被演化淘汰才對。但是很明顯的，「捨己救人」的行為仍然屢見不鮮。

這種不利於自己的奇特利他行為，究竟為什麼會存在？對基因陰謀論者來說，答案非常簡單：這種行為之所以存在，其實是因為此行為可以讓自己身上的基因更有機會繁衍下去。比方說，如果你見到自己的親人落水時能夠捨己救親人，那麼即使自己不幸犧牲，你親人身上和你相同的基因則仍有機會繁衍下去。而且，如果這位親人比自己年輕，而你卻較年長且已過了黃金繁殖期，當你救了這位年輕親人之後，由於他在未來有較高的生殖繁衍機率，你們身上的共同基因能夠繼續繁衍的機率也會更高。這種觀點，也可以解釋為什麼人們多半較不願意捨身救陌生人。這其中的緣由，就在於陌生人和你身上的相同基因數量可能比親人和你之間的相同基因數量要少的多，因此犧牲自己救陌生人的「基因繁衍總效益」恐怕不高。

一九六四年，英國的演化生物學家漢彌爾頓（William D. Hamilton）更進一步量化了這個原則，並提出了知名的漢彌爾頓規則（Hamilton's rule）。他主張，當「受惠者獲得的繁殖利益」和「受惠者與施惠者的血緣關係程度」的兩者乘積，高於「施惠者損失的繁殖利益」時，利他行為就會產生。其中的原因，就在於此時的利他行為可以讓一些基因在受惠者身上更興盛的繁衍下去，並因此導致環境中該基因的總數目增加。生物學家霍爾登（John B. S. Haldane）曾經用一句話經典的描述了這個原則：「為了兩位親兄弟、或是八位表兄弟，我願意犧牲生命。」這句話就是說，從基因數量的角度來看，兩個親兄弟、或是八個表兄弟，在演化上來說和自己等值。犧牲自己來保全兩個親兄弟或八個表兄弟，可以讓彼此身上的基因同樣順利的繁衍下去。

這個原則在最近的一項研究中，更進一步獲得了一些正面證據的支持。加拿大的生物學家觀察到，野生紅松鼠有時候會「領養」其他沒有父母的小松鼠。在仔細分析親緣關係後，他們發現只有當漢彌爾頓規則被滿足時，領養的現象才會出現[8]。由此可知，生物是否會出現利他行為，可能真的取決於基因是否能夠在利他行為中獲利。

反駁「基因陰謀論」

在闡述了基因陰謀論者的論點後，接下來就讓我來自我辯護，試圖反駁基因陰謀論的論述。關於上述「基因陰謀論」對自殺的說法，其實存有許多漏洞。的確，如果「自殺基因」只有在晚年才會發作，那麼基因的確可以在個體自殺前就遺傳給下一代。但是在現實社會中，自殺行為真的只發生在晚年嗎？我們只要檢視一下自殺率，就會發現這種說法其實頗有問題。儘管成年人和老年人的自殺率的確較高，但是十五～二十四歲年輕人的自殺率也高達五至十人（每十萬人），而且從目前有明確數據紀錄的六〇年代以來，這個自殺率不但沒有下降，反而還一直在穩定成長。如果真的有自殺基因存在，青少年的自殺行為應該會把該基因淘汰掉，而使得青少年自殺行為愈來愈罕見才對。由於此現象不減反增，我們可以推論出，其中必有他因。而這裡的「他因」，可能就是心靈受到環境影響後所產生的影響。

至於「自殺行為在晚年發作會讓整個族群獲得更多資源而受益」的說法，也不一定正確，因為老年人自殺雖然可以讓社群中剩下的每一個人分配到更多的實質資源，但是這些長者的自殺，卻也可能會讓社群中累積的智慧和經驗流失，最後反而可能讓社群的生存與競爭力下降。這其中的利弊得失，恐怕得經過仔細的計算才能清楚衡量。

若是拋開上述這些反對基因陰謀論的有利證據，我們仍可以先退一步，暫時同意「是基因讓大腦產生心靈，並讓個人能夠恣意感受、任意妄為，以產生可能的群體生存繁衍助益」。然而，即便是如此，基因陰謀論的這個說法也無法撼動一個事實，就是「**個人確實能夠自由的追求感受**」。換言之，雖然基因的確有可能在這場陰謀的策畫中獲得益處，但是這場陰謀之所以有機會能夠成功，全在於大腦擁有恣意追求感受的自由。因此，這個局面並不像是基因精心策畫的一場必勝「陰謀」，而更像是基因放手釋權後的一場玩命「賭博」。基因幫助大腦在演化過程中產生了心靈，而這其實是一場豪賭。不受拘束的自由心靈是否真的會反過來幫助基因繁衍，沒有人能夠確定。雖然目前看來，心靈在大部分的情況下的確有助於基因繁衍，但是在上述的許多例子中，我們也看到了不利於基因的完全相反狀況。至於未來的心靈走向，更是沒人說得準。

除此之外，只要「個人確實能夠自由的追求感受」，我們在理論上就可以做出對抗基因繁衍宿命的行為。比方說，哈佛大學的知名認知與語言學家平克（Steven Pinker）就曾經說過他已經厭倦了演化遊戲，因此決定不生小孩[9]。理論上來說，我們都和平克一樣擁有自由選擇權，願不願意脫離基因的生存繁衍輪迴宿命，就在我們一念之間。

接著，我們再來看看漢彌爾頓法則是否真的能夠解釋利他行為。事實上，漢彌爾頓法則一直是一個雷聲大雨點小的法則，這個法則雖然出名，但是卻極度缺乏經驗證據，上述的紅松鼠行為觀察數據，其實是目前唯一支持漢彌爾頓法則的證據。即使我們撇開證據不足的現象不談，到了高等靈長類的身上，更是充斥著與漢彌爾頓法則不符的反例。

比方說，在我們都熟知的古代帝王鬥爭史中，就可以見到血跡斑斑的各種反例。秦二世皇帝胡亥在爭權奪位的過程中殘害超過二十位兄弟姊妹；五代十國的南漢皇帝劉晟為了鞏固自己的權位，在十三年之間殺害了十五位親兄弟；唐太宗李世民在玄武門之變中，為了奪取太子之位而殺死了長兄李建成和三弟李元吉；清帝雍正即位後，也先後折磨殺害了曾與自己奪嫡的皇八子胤禩和皇九子胤禟。類似的例子在西方世界中也是屢見不鮮，例如奧圖曼土耳其帝國的穆罕默德三世（Mehmed III）就曾經誅殺十九名手足。

這些手足相殘的例子，沒有一個符合漢彌爾頓規則，因為根據此規則，人們應該會願意犧牲自己來保全兩個親兄弟或八個表兄弟才對，但是這些案例中，奪權者不但沒有犧牲自己來保全為數眾多的其他手足，甚至反而犧牲了不成比例的手足來延續自己的基因。雖然說奪權的結果就只能有一個勝利者，但是難道人們就非得鬥到你死我「王」才能甘休？如果人類的行為是為了讓與自己相同的基因數量最大化，那麼在奪權勝利後若能保留手足的生命，讓他們也能繼續繁衍，不是更能夠讓基因的數量順利增加嗎？這些反例告訴我們，人類的行為似乎並不遵循漢彌爾頓規則或是「自私基因」法則，這些行為的更合理解釋或許是：因為這些人受到了心靈（內心恐懼感）的驅策，才做出與自私基因之利益相違的行為。

另一個類似的反例，則是來自於人類對於複製人的排斥與恐懼。根據「自私基因」

的原則，我們應該會很樂於見到自己的複製人誕生，而且多多益善，因為從基因的角度來看，我們的複製人擁有和我們完全一致的基因，如果能夠廣泛的複製自己，那麼我們身上的基因就會被非常有效率的複製。但是，現代人類似乎並不樂見複製人的誕生，而我們會排斥複製人的原因之一，可能就在於多數人都不願意見到自己的「獨特性」因為複製人的出現而消失，或者是不樂意見到複製人所帶來的諸多倫理道德爭議。無論是因為不喜歡自己的「獨特性」消失，或是不喜歡複製人帶來的道德爭議，兩者都呈現出一個事實，就是我們心中的「排斥感」或「恐懼感」又再一次戰勝了自私基因的利益。心靈，似乎真的擁有對抗基因利益的能力。

隨機錯誤論

關於我主張的「大腦對抗基因論」，還有另一種可能的反駁方式，我稱之為「隨機錯誤論」。隨機錯誤論者認為，人類許多「追求感受」的行為雖然看似是在對抗基因，但事實上這些行為只不過是大腦隨機出現的錯誤而已。就像基因會隨機發生突變一樣，這些隨機的突變沒有方向性，有些是有益於生存繁衍的突變，有些則是無益於生存繁衍的突變。當無益於生存繁衍的突變隨機出現時，結果很簡單，就是被演化淘汰而已。這就好像正常細胞的生理機制如果因為隨機突變而出現錯誤，便可能會變成癌細胞然後導致生物個體死亡。一般來說，我們不會把癌細胞導致生物體死亡的現象解釋成「細胞為了追求自由而與基因宿命進行對抗」。因此隨機錯誤論者會說，我們也不應該把大腦為了滿足心靈狀態而導致生物體死亡或無法繁衍的現象解釋成「大腦為了追求自由而與基因宿命進行對抗」。充其量，這只不過就是大腦隨機出錯後的現象而已。

反駁「隨機錯誤論」

接下來，就讓我再以自唱雙簧的方式反駁一下隨機錯誤論。以自殺的例子來說，隨機錯誤論者會認為，自殺只是大腦隨機「出錯」後的結果。只可惜，這個說法似乎也不符合我們的實際觀察。在先前提到過的涂爾幹的《自殺論》中，就舉出了許多正常人在社會因素的影響下選擇自殺的案例。在因為無法融入社會團體或懷才不遇而自殺、因為被社會團體執行所賦予的責任或命令而自殺、因為社會出現重大變化後喪失既得利益而自殺，或者因為個人無法對抗社會團體對自己所造成的壓迫而自殺等案例中，這些人原則上都是完全正常的個體，只是在社會環境因素的影響下才選擇自殺，他們的自殺行為，並不像是大腦隨機「出錯」所致。

你或許會再反駁：《自殺論》中的這些自殺者，可能都是本來就擁有某些「隨機錯誤基因」的人，因此他們在極端環境中才會自殺。關於這種質疑，我們透過以下的設想來做出回應：原則上，我們可以設計出一個殘酷無比的環境，讓任何一個進入此環境的人都無法承受而自殺。如果世界上任何一個進入此環境的人都會自殺，那麼我們就得承認這世界上每一個人身上都帶有這種「隨機錯誤基因」。但是如果每個人身上都有這樣的基因，那它應該是一種有功能的基因，而不能稱之為「隨機錯誤基因」。由此可知，導致任何人在此環境中自殺的因素，應該不是「隨機錯誤基因」，更簡單合理的解釋，就是這些行為乃是「心靈」在無法承受痛苦後而做出的選擇。

此外，其他許多「追求感受」的行動看起來也不像是大腦隨機出錯的結果。比方說，幾乎每一個成年人都曾經為了單純的追求性愉悅而進行避孕性行為或手淫，甚至從孩童時期開始我們就懂得在虛擬的電玩世界中尋求聲光刺激的單純感官滿足，難道這些普遍的「追求感受」行為真的代表人類大腦擁有全面而且多樣的隨機錯誤？理智思考後選擇不生育的哈佛大學教授平克，難道也是大腦隨機出錯的結果？

相較之下，「大腦對抗基因論」的說法似乎簡潔許多。平克選擇不生育的行為，似乎正是心靈透過自由意志對抗基因宿命的最佳典範。

真有自由意志？

既然提到了自由意志，我們就再深入一點，一起來看看關於自由意志的爭論以及大腦在其中所扮演的角色。

大家應該都有看過型男基努李維主演的《魔鬼代言人》和《駭客任務》吧。這兩部賣座電影除了劇情與特效搶眼之外，其實還探究了一個根本且迷人的哲學問題：自由意志。

這兩部電影，各自從獨特的角度，刻畫出自由意志的不同面向。

在《魔鬼代言人》這部電影中，艾爾帕西諾（Al Pacino）飾演撒旦，這個魔鬼的劇中人名叫作約翰·彌爾頓（John Milton）。這個名字恰巧和英國史詩《失樂園》（Paradise Lost）的作者同名。而《魔鬼代言人》的魔鬼主角之所以取這個名字，正是要呼應彌爾頓在《失樂園》對人類原罪與墮落的精采描繪。

在《失樂園》中，作者彌爾頓以基督教的角度凸顯出自由意志的重要性。在他眼中，人類之所以墮落，是因為人類有自由意志、並接受了撒旦的誘惑。而撒旦之所以由天使長墮落成魔鬼，也是出於自身的自由意志。換言之，一切的原罪與墮落，都是源自於對自由意志的誤用。

而在《魔鬼代言人》中，故事也一直圍繞著自由意志打轉。魔鬼持續提供誘惑、人類不斷選擇沉淪，以及基努李維在劇中最後透過自殺而懸崖勒馬，都一再凸顯出基督教觀點中自由意志的獨特地位與價值。

相較之下，《駭客任務》則刻畫出另一種極端的可能性：自由意志可能只是我們的幻覺。我們可能都只是被電腦操控的「桶中大腦」。我們以為一切的感覺和自由都是真實的，但是心靈所接觸到的一切事物卻可能都只是來自於電腦餵給我們的資訊。

這些關於自由意志和心靈的探討，涉及了物理學和哲學上關於「決定論」或甚至是「懷疑論」等議題。在這裡，我們暫時不深究這些哲學理論。我要提供給大家的，是一些來自科學的新資訊，希望讓大家可以有更多的素材來思考什麼是自由意志，以及究竟有沒有自由意志。

接下來大家將會看到許多看似支持「沒有自由意志」的例子，但是我要邀請大家一起想一想，這些例子真的能夠支持「自由意志不存在」的想法嗎？

生活中的各種潛意識訊息

在我的前一本書《都是大腦搞的鬼》中，曾經介紹過許多實驗室中的無意識知覺現象，以及許多發生在現實生活中的潛意識知覺現象。例如，當看電影的觀眾獲贈大桶爆米花時，他們在不知不覺中就會吃的比較多。商家在賣酒場所播放的音樂種類，也會悄悄的讓消費者把享受音樂的反應轉移到商品上。

商業投資行為也是如此。例如當股票剛上市的小公司有著極為難念的名字時，投資人就會不自覺的拒絕買這些公司的股票。此外，天氣的好壞也會不知不覺的改變人們的投資策略。

在社交職場方面，我們也受到了各種潛意識訊息的影響。例如選舉傳單上的候選人照片會偷偷影響選民的偏好。透過選前的長相評分，甚至可以成功預測選戰結果。此外，各種潛意識訊息也影響我們擇偶的喜好。例如衣著的顏色、講話的語調、不經意的觸碰，或甚至是體內的荷爾蒙，都會在當事人毫不知情的狀況下影響著雙方之間的吸引力。

這些心理學的行為研究，一再的顯示出大腦可以在無意識的狀態下處理許多資訊。很多人也因此開始懷疑，究竟大腦可以處理多少無意識的資訊？是否所有的資訊都可以在無意識的狀態下被大腦處理，而意識和自由意志是否只是一個毫無任何功能的假象？

超前意志、且可以預測意志的腦部反應

最早以神經科學方法研究上述問題的科學家，應該是美國加州大學舊金山分校的神經生理學家利貝特（Benjamin Libet）。一九八三年，利貝特發表了一項驚人的實驗，他要求受試者自由「決定」一個時間點舉起左手或右手，並根據一個碼錶來回報該「決定」在自己心中出現的時間。結果他在腦電圖中發現，舉手的「意識意志」（conscious will）出現的一秒鐘前（就是意識到自己「想要」舉手的一秒鐘前），大腦就已經出現相關的神經變化[10]。

照理說，如果自由意志真的存在，那「意識意志」發生的時間點應該早於大腦的生理變化才對。然而實驗結果卻完全相反，大腦的生理變化反而早於「意識意志」發生的時間點。如果「意識意志」的感受只是大腦神經變化的結果，那我們真的有自由意志可言嗎？

這個實驗結果一出，立刻引起了科學界和哲學界的震撼。科學界對實驗方法有許多質疑和討論，而哲學界則對實驗結果的衍生意涵充滿興趣。

在這項研究發表後的過去三十年間，熱烈的實驗複製和學術討論從來不曾間斷。二〇〇八年，德國馬克士普朗克研究所的認知神經科學家孫俊祥（Chun Siong Soon），也利用了功能性磁振造影成功再現了利貝特的實驗結果！

這位認知神經科學家孫俊祥和我頗有淵源。我們的第一次見面，是在達特茅斯學院。那時大概是二〇〇五年，我還是博士班學生，他則是從新加坡來進行短期研究的學生。我們當時就是因為都對意識和自由意志的問題很有興趣，所以才有機會在相互討論後結識。孫俊祥後來去了德國，成為海因斯（John-Dylan Haynes）的博士班學生，並發表了上述的研究。

很巧的是，我在幾年前來到新加坡，在杜克－新加坡國立大學醫學研究院（Duke-NUS Medical School）成立我的實驗室，而孫俊祥剛好也在這所學校中擔任博士後研究員。二〇一二年，我們因為研究興趣相近，他就進到了我的實驗室一起合作。能在實驗室成立初期，有這麼一位實力強大的幫手加入，真的非常幸運！

腦造影否定自由意志？

孫俊祥在這項研究中發現，受試者決定做動作前（十秒前！）出現的神經變化，竟然可以預測他們將會使用左手或右手[11]。二〇一三年，更在另一項實驗中成功預測了受試者的心算選擇[12]（可以預測他們即將要在心中進行加法運算或減法運算）！

在其他的決策行為研究中，也可以觀察到類似的現象。連我自己也在一系列實驗中發現，不管是比較基礎的知覺判斷、或是較高階的行為決策，都可能可以透過事前的腦部活動來進行預測。

比方說，我在麻省理工學院進行博士後研究時，就已經發現某些腦區的神經活動可以預測「雙眼競爭」的結果。

「雙眼競爭」是潛意識知覺研究中最常使用的一個實驗典範。十六世紀文藝復興時期的歐洲學者波爾塔（Giambattista della Porta）是第一個記錄下這個現象的人。他發現在左眼和右眼前分別放置一本書時，他只能「見到」其中一本，而且每隔幾秒鐘，視覺意識內容會在兩本書之間轉換。

各位讀者如果想要體驗雙眼競爭，可以試試以下這個的方法：首先，閉上左眼，然後把右手大拇指伸出來。接著，把右手大拇指由右至左緩緩移動，慢慢的遮住右下角的書頁號碼（或者是最右下角的字）。當號碼一被遮住時，就立刻停住，不要再繼續移動大拇指。好，現在你可以張開左眼了。此時你會發現，你的右眼是看不到書頁號碼的，但是左眼可以（你可以輪流閉一隻眼睛觀察看看）。當你確定右眼看不到書頁號碼，但是左眼可以之後，你就利用雙眼同時進行觀察。此時你是否發現，有時候你會只看到書頁號碼，但是過了幾秒後，你卻只能看見大拇指，並且兩種狀態會持續輪轉。偶爾有些時候，你可能也可以同時看到書頁號碼和大拇指。這就是雙眼競爭現象。

現代實驗心理學家進一步發現，即使其中一隻眼睛中的內容沒有被意識到，大腦仍會處理這隻眼睛接收的內容資訊。而我在麻省理工學院進行的一項功能性磁振造影實驗中，更進一步發現了可以預測雙眼競爭結果的神經活動。在這項實驗裡，我們讓受試者的兩眼分別觀看不同的視覺刺激（其中一眼觀看臉孔、另一眼觀看風景），然後要求他們回報自己是否看到臉孔。結果發現梭狀臉區（fusiform face area，對臉孔特別有反應的腦區）在視覺刺激出現前兩秒鐘的神經反應，就已經可以預測受試者是否會看見臉孔[13]。換句話說，在受試者尚未見到任何視覺刺激之前，我們就可以觀察到梭狀臉區裡有一些雜訊般的神經反應，而這些反應似乎可以影響受試者兩秒鐘後的行為反應。

另外，我目前在杜克－新加坡國立大學醫學院的腦與意識實驗室也透過功能性磁振造影發現，在受試者做出高階行為決策的數秒鐘前，腦部某些特定區域的活動也可以預測受試者的決定。在其中一個實驗中，我們讓受試者看許多圖畫、並一張張詢問他們是否喜歡，結果發現，在受試者看到圖畫的數秒鐘前，大腦前額葉的神經活動可以成功預測他們是否會表示喜歡[14]。

在另一個功能性磁振造影實驗中，我和來自台灣的黃瑜峰博士合作，讓受試者進行賭博遊戲，每一局遊戲中都會提供兩種選項，其中一個低風險選項是一〇〇%會獲得某個數量的金錢（例如有一〇〇%的機率獲得四元），另一個高風險選項則是有較低的機率獲得較高的金錢（例如有五〇%的機率獲得八元和五〇%的機率獲得〇元）。我們把兩個選項的獲得金錢期望值設定得非常相近，並要求受試者在兩秒鐘之內做出選擇。

結果發現，在受試者看到選項的數秒鐘之前，大腦左側伏隔核（nucleus accumbens）和額葉中迴（medial frontal gyrus）的神經活動也可以成功預測他們是否會選擇風險較高或較低的選項[15]。

這些發現聽起來很神奇，但是讀者們別把它們和心電感應之類的發現搞混了。我們的發現並不是心電感應、也不是所謂的特異功能。我們的發現只是顯示出，人類的行為決策似乎會受到大腦中許多無意識訊息或雜訊的影響。只要透過儀器找出這些關鍵的訊息或雜訊，我們就有可能可以藉此預測人的決策。

操控行為與意志？

如果說，人的行為決定和意志可以透過腦造影被觀察到、或甚至預測到，那麼是不是有辦法可以透過刺激大腦來改變人的行為、或甚至是操控人的意志呢？

在我實驗室中有幾項研究發現，我們可以透過無意識的刺激來偷偷操控受試者的感知和行為。我在麻省理工學院時，曾經使用「屏蔽」（masking）方法把資訊以無意識的方式呈現給受試者，並測量這些無意識資訊如何影響受試者的行為與大腦反應。比方說，我們可以快速地呈現一張圖片或文字，並在該圖片或文字的前後都加上雜訊，如此一來，受試者就會看不到該圖片或文字。透過此「屏蔽」方式，我和其他許多科學家都發現，即使受試者對這些資訊沒有意識，這些無意識資訊仍會影響他們的行為，他們的大腦也會出現一些無意識反應。

例如，我曾經透過一種叫作「連續閃爍壓制」（continuous flash suppression）的屏蔽方式來讓受試者看不見某些靜止圖案，確切的方法，就是對受試者的其中一隻眼睛施以強烈的閃爍圖樣，而另一隻眼睛則施以不會變動的靜止圖案。在這種情況下，由於閃爍圖樣非常「吸睛」，因此大腦就會把大部分的資源拿來處理這些閃爍圖樣，讓我們可以清楚的「看見」或「意識」到這些閃爍圖樣，而且這隻眼睛中的閃爍圖樣還會暫時「壓制」另外一隻眼睛中較不顯眼的靜止圖樣，導致我們看不見該靜止圖樣。也就是說，如果你問受試者看到了什麼，他們只會說自己看到了其中一隻眼睛中的閃爍圖樣，至於另一隻眼睛中的靜止圖樣，他們則毫無意識。

有趣的是，即使受試者根本看不見該靜止影像，靜止影像中最顯眼的位置（例如一片綠色草叢中的一朵紅花）仍然會吸引大腦的注意力，並讓該位置的視覺敏銳度在接下來的測試中提升。由此可知，顯眼影像吸引大腦注意力的過程似乎不需要意識的參與[16]。

在另外一項實驗中，來自台灣高雄、畢業於台大心理系的現役博士班苦力學生洪紹閔，測試了人類是否能夠無意識的處理語言結構（語法）。在這項實驗中，它測量了「突破屏蔽」的時間長短，並藉此來推測大腦是否能夠無意識的處理資訊。所謂的「突破屏蔽」，指的是在上述「連續閃爍壓制」的屏蔽方式中，被壓制的一隻眼睛遲早會突破屏蔽，而讓我們得以看見被壓制之眼中的靜止圖樣，而突破屏蔽的時間長短，主要是由靜止圖樣的顯著性（顯眼程度）所決定。一般來說，愈顯著的靜止圖樣（例如熟悉的事物或臉孔），愈容易突破屏蔽。洪紹閔在實驗中發現，「不符合語法的語句」比「符合語法的語句」更容易突破屏蔽。這項發現顯示，即使語句沒有被有意識的察覺，大腦仍然處理了這些資訊，也因此，它們突破屏蔽的時間才會有所不同[17]。

在另一項由黃瑜峰博士所領導的研究中，我們更進一步發現，被屏蔽的事物會影響人類的眼球移動方式。在這項實驗中，我們在螢幕上快速地呈現了一些視覺刺激（圓形物體），並在緊鄰該刺激的前後時間點都加上雜訊，如此一來，受試者就會看不到該刺激。結果發現，當這些接受過屏蔽刺激的受試者被要求隨意把視線移向空間中的任何位置時，他們有較高的機率會移向那些屏蔽刺激曾經出現過的位置[18]。再一次，這項結果顯示出，我們可以透過無意識的刺激來改變人的行為決策。

除了知覺會受到無意識刺激的影響之外，還有許多研究都顯示，透過對大腦的直接電生理刺激，也可以操控生物知覺、運動以及一些簡單行為。但是透過電流刺激來對複雜行為決策進行直接操控，則是到了二〇一四年才首次證實可行。

例如在《當代生物學》上的一篇新研究就顯示，科學家可以透過刺激大腦來改變猴子對事物的喜惡偏好。在這項研究中，科學家們刺激的是一個叫做「腹側被蓋區」（ventral tegmental area，VTA）的腦區。這個位於中腦的腦區很有趣，它含有多巴胺的分泌細胞，和動機、獎勵、成癮、性高潮、戀愛感等現象都有關係，如果一個行為會產生愉悅感，這個腦區就會被激發。

實驗發現，猴子在一般獎勵學習下對某兩張照片產生好惡後（例：喜歡A照片，討厭B照片），如果在接下來的程序中，每當B照片再出現時就同時刺激「腹側被蓋區」，最後猴子就會轉而喜好照片B[19]。由此可知，當某些腦區被刺激時，我們的行為或喜好可能就會不知不覺的「被決定」！

究竟有無自由意志？

有些人認為，這些結果表示「意志」或「決定」是由不涉及意識層面的大腦活動所誘發，換言之，這些行為發生時根本沒有「意識意志」，而既然人類在進行這些行為時沒有「意識意志」，當然也沒有所謂的「自由意志」（free will）。[20]

不過，如果我們以稍微保守的角度來看待時，這些結果可能頂多只顯示出意志或決策行為可以被潛意識的資訊處理過程所影響，也因此，自由意志或許仍然有存在的空間。

無論如何，就像魔鬼彌爾頓在《魔鬼代言人》曾經說過的一句經典台詞：「自由意志是個壞東西！」自由意志，真是個讓人捉摸不定的事物。人們不但對它愛恨交織，甚至連它究竟是否存在都還是一頭霧水。

總結來說，關於自由意志的定義與論戰仍是方興未艾，但是從「對抗基因宿命」的角度來看，大腦和心靈卻是充分展現出「反抗基因」的自由行為。從追求愉悅感、愛情，或美感，一直到都市現代人的不婚和不生，都是完全與基因繁衍背道而馳的行為。此外，在這個電腦發達的時代，上傳大腦的想法似乎也是另一種對抗基因宿命的表徵。為什麼人們會想「把大腦或心靈上傳雲端」？這是否表示心靈想要「自我延續」的欲望並不亞於基因自我複製的傾向？現在就讓我們一起在接下來的最終章中，看看大腦和心靈的可能未來。

終章 擺脫束縛的未來

自由一旦入土生根，就不能阻擋它成長的速度。

——華盛頓

形上學與物理學對自由意志的定義與論戰，我們姑且不論。光是從「對抗基因宿命」的角度來看，大腦和心靈卻是充分展現出「反抗基因」的自由行為。無論是先前討論過的追求愉悅感、愛情，或美感，到都市現代人的不婚和不生，都是完全與基因繁衍背道而馳的行為。上傳大腦的想法也是如此。當大腦發展出心靈與意識之後，心靈想要「自我延續」的欲望似乎和基因自我複製的動力旗鼓相當，這或許也是人類為什麼會想「把大腦或心靈上傳雲端」的原因。現在，我們就一起來看看大腦和心靈的可能未來。

在二〇一四年的電影《全面進化》中，強尼戴普（Johny Depp）飾演的威斯卡博士發明了強大的人工智慧，並在臨死前把自己的意識上傳其中，他不但藉此獲得了永生，並因此擁有了強大的運算與操控力量。愈來愈多的類似劇情也不斷的出現在《美國隊長》、《成人世界》以及諸多科幻劇情之中，無意間透露出人類對於上傳大腦的好奇與期盼。

上傳心靈

雖然我們自己可能沒有發覺，但是「上傳大腦或心靈」的舉動其實就是大腦拋棄基因控制的最後殺招。只要大家仔細想一想就會發現，如果大腦真的想要擺脫基因對肉體的操縱，還有什麼方法比虛擬化、數位化更好呢？而這種潛在的欲望，或許就是近年來諸多模擬大腦的大型研究計畫背後的推手。

例如，美國艾倫研究所的科學家早在二〇〇三年就開始著手建構人腦以及非人靈長類大腦的基因表現圖譜連結圖譜。二〇一〇年起，美國國家衛生院以及數所大學也聯合展開了「人類大腦連結計畫」，共有一千兩百位健康受試者（包括數百對雙胞胎以及他們的非雙胞胎手足）接受了大腦造影、基因定序以及行為檢測。同時，德國與加拿大的科學家也在合作進行「巨腦計畫」，目前他們已經建立了一個來自六十五歲女性的三維大腦模型，其高達二十微米的解析度，讓單一細胞都幾乎無所遁形。

另外，SyNAPSE計畫則希望利用神經突觸模擬晶片來建立一個數位大腦。二〇一四年，IBM成功發表了仿人腦晶片。該晶片擁有一百萬個「神經元」以及二・五六億個「突觸」，可以短暫模擬大腦活動。同年，日本的「京」超級電腦（K Computer）使用八萬三千個處理器，也成功模擬了人類一秒鐘腦部活動的百分之一。

二〇一三年，歐盟也展開了「人腦計畫」。這項十年計畫擁有十三億美元的資金，旨在透過尖端的電腦工具來繪製一張精細的人類腦部活動地圖，並希望利用這些資訊來建造一台能夠模擬人腦網路結構的超級電腦。

這些超大型研究計畫，正在試圖解開複雜的大腦結構。透過追蹤大腦中的神經連結、建構超高解析度的人腦模型，以及繪製大腦的基因「表現」或基因活動地圖，「上傳」人腦結構與資訊的科幻小說情節，或許很快就會有實現的一天，而當那一天到來的時候，上傳與否，就只在你的一念之間。

「神經元置換上傳」思想實驗

為了讓大家提早體驗這樣的未來，我們先來試想以下的思想實驗。如果提供你一個機會，讓你可以在此刻就終結肉體生命並把大腦上傳雲端。在那裡，有著一個與真實世界完全相同的虛擬世界，當所有人都選擇上傳心靈的時候，你就會在那個世界中有著同樣的朋友、同樣的親人、同樣的宇宙、同樣的地球，以及同樣的生活環境（如果你不喜歡現在的環境，你也可以創造並上傳至任何一個你事先設定好的環境）。在這個世界中，一切的感受都栩栩如生，和我們目前身處的真實世界幾無差異，因此你幾乎不會察覺到自己是處於雲端虛擬世界之中。這個雲端世界與現實世界的唯一不同之處，就是你的心靈不會受到肉體的限制，也不會隨著肉體死去。無數人追求永生不死的願望，都可以在上傳大腦之後達成。對於現實世界的不滿與無奈，也可以在雲端世界得到解脫。

這樣的一種狀態對很多人來說，應該很有吸引力。不過，或許你在上傳前仍會有最後一絲猶豫：你可能會擔心，心靈上傳之後，只不過是複製出另一個與自己毫不相干的一個複製品。換言之，上傳的心靈可能只是另一個完全獨立的心靈，上傳之後，那個雲端的心靈就會和自己毫無關係，原本這個身在肉體中的心靈，不但不能知道雲端中的心靈有何感受，甚至完全無法知道它是否存在，更何況，自己原本肉體中的心靈還會在上傳後消失死去。

這樣的憂慮，的確有其根據。因為這種上傳方式，會因為原本的肉體心靈和後來的雲端心靈之間不存在「連續性」，而讓人感到不安全且不確定性。不過，只要我們透過一種特殊的「上傳方式」，就可以消除這樣的憂慮。讓我們再一起來設想一下以下的情境。

逐步取代大腦

首先，讓我們假設已經有足夠的科技可以使用「奈米矽晶片」來取代神經元，而且每一個奈米矽晶片的功能都可以完全取代並執行任何一個神經元的功能，也就是說，我們假設當某個神經元被一個奈米矽晶片取代後，大腦的整體生理功能和相關的行為不會出現任何變化。

在這樣的假設下，我們可以來推論一下大腦神經元被矽晶片逐一取代後的結果。一開始的時候，如果我們只取代了大腦一千億個神經元中的其中「一個」神經元，那麼由於矽晶片的功能可以完全取代並執行任何一個神經元的功能，我們可以合理推論這個人所有已知功能和相關行為都不會出現變化。此時，如果你認為人的意識是大腦功能運作後的產物，那麼由於在神經元被矽晶片取代後的大腦功能不會改變，我們的意識狀態應該也不會有所改變。

但是如果持續取代更多的神經元，問題就可能會出現！比方說，當我們持續把一個又一個的神經細胞置換成奈米矽晶片後，我們的意識狀態會不會突然消失呢？直覺上來說，意識應該不會在置換到某個神經元時突然消失，因為我們目前的腦科學知識並不認為腦中有某一個特定的神經細胞就是意識的所在位置，因此應該不會有「當某個特定腦細胞消失或死亡時就會導致意識消失」的現象發生。此外由於每個矽晶片的生理功能都和被取代的神經元功能相同，因此如果你認為意識是大腦生理運作下的一種產物，那麼由於神經細胞被取代後的大腦功能不變，意識也應該會繼續存在才對。換言之，意識狀態因為神經元逐一被取代而「瞬間消失」的可能性看起來並不高。

好，如果意識狀態不會因為神經元逐一被取代而「瞬間消失」，那意識狀態有沒有可能會隨著神經元逐一被取代而「逐漸消失」呢？關於這種可能性，其實出現的機會應該也不大。原因同上：如果你認為意識是大腦生理運作下的一種產物，那麼由於神經細胞被取代後的大腦功能不變，意識也應該會繼續存在才對。此外如果意識狀態真的會隨著神經元逐一被取代而「逐漸消失」，那麼這個人就會出現一種奇特的現象：他的「意識狀態與行為將會不一致」。而由於「意識狀態與行為不一致」的現象極不合理，因此根據歸謬法，意識狀態應該不會隨著神經元逐一被取代而「逐漸消失」。

那為什麼會出現「意識狀態與行為將會不一致」的現象？而且為什麼我會說這種現象極不合理呢？讓我們透過歸謬法來考慮以下的例子：假設意識狀態真的會隨著神經元逐一被取代而「逐漸消失」，那麼當某人大腦中有一半的神經元被取代之後，其意識狀態的清晰程度可能就會變得只剩下原本的一半，也就是說，原本能看到的紅色可能就會變成暗紅色，原本能見到的清晰世界可能會變成陰暗模糊，原本會讓人痛不欲生的生產痛苦感也會變成只有一半的痛苦感，所有的感覺都會變弱、變模糊。但是，由於我們在先前的基本假設中曾經提到，矽晶片可以在生理和行為功能上完全取代神經元，因此這個人的生理和行為功能（包括說話的功能）在腦中一半神經元被取代後，應該完全不變。換句話說，這個人的意識狀態雖然已經變弱、變模糊，但是他在看到暗紅色時仍會「說」他看到大紅色，他在看到陰暗模糊的影像時仍會「說」自己看到一個清晰的世界，他在受傷時的痛苦程度只剩三分但仍會「說」自己有六分痛苦。很顯然，這種「意識狀態與行為完全不一致」的現象極度不合情理，因此根據歸謬法，我們可以推論意識狀態並不會隨著神經元逐一被取代而「逐漸消失」，或者保守一點的說，這種現象雖然有可能，但是可能性極低[1]。

如果你同意在上述的思想實驗中，意識並不會因為腦中神經元被換成矽晶片而消失，那麼我們就擁有了一種另類的「上傳意識」方法：當腦中的所有神經元都被換成矽晶片之後，我們的意識狀態可以說就已經上傳至雲端了。如果每一個人腦都透過此方法上傳，最後再把所有的「矽腦」連結在一起，或者是把每個矽腦分別連接到預先設定好的網絡之中，那麼原本肉體中的意識就可以在雲端的世界中存在，而且每一個接受上傳的人，都可以保有原本的心靈與意識，如此一來，我們就不用擔心會在上傳的過程中出現心靈「不連續」的狀態，也不用擔心雲端中的心靈會和自己毫無關聯。

現在，這最後一絲的擔憂也被排除了。你，願意拋開基因的束縛，上傳心靈，從此跳脫生存繁衍的輪迴宿命嗎？大腦的未來，究竟是奮戰一生仍為基因作嫁，還是能跳出五行不再輪迴？答案就在你我的心中。或者更正確的說，答案就在你我的腦中！

開放的未來

不過，即使我們選擇了上傳心靈，我們仍須留心一種可能性，就是這種追求永生的欲念，仍然會囚禁心靈並讓我們產生痛苦。畢竟，「想要達到永生」也只是一種持續的「感覺追尋」而已。自從大腦演化出心靈以來，我們總是在「追求感受」或「排斥感受」中輪迴不已，當某些物質或刺激在我們心中激起正面的快樂感受時，我們就會產生愛戀與渴求，當某些物質或刺激在我們心中激起負面的痛苦感受時，我們則會產生怨恨與排斥。就是這種對於內心感受的貪戀、追逐與逃避，才讓我們永久處於苦痛之中。如果真的想要完全解開一切束縛，那我們不但需要擺脫基因的掌控，更要擺脫大腦對於感覺的貪求與厭惡。或許，唯有如實洞見心靈的真確本質，才能讓我們徹底獲得真正的自由。

注釋

第一章　一代王者的誕生

1. 生理資訊傳遞的速度可以參考以下幾本書：

(1) Atkins, P.W. (1994) Physical Chemistry. 5th Edition. W. H. Freeman, New York. Hille, B. (2001) Ion Channels of Excitable Membranes. 3rd Edition. Sinauer Associates, Inc., Sunderland.

(2) Robinson, R.A., Stokes, R.H. (1968) Electrolyte Solutions. Revised 2nd Edition. Butterworths, London.

(3) Sperelakis, N., Editor. (2001) Cell Physiology Sourcebook: A Molecular Approach. 3rd Edition. Academic Press, San Diego.

④Van Winkle, L.J. (1999) Biomembrane Transport. Academic Press, San Diego.

⑤Weiss, T.F. (1996) Cellular Biophysics: Transport (Vol. 1). MIT Press, Cambridge.

2. Chiu, J. et al. (1999); Herlpern, Y.S. and Lupo, M. (1965); Nakanish, S. et al. (1998).

3. Sir Charles S. Sherrington，一九三二年諾貝爾生物醫學獎得主。

4. The Integrative action of the nervous system. By Sir Charles Scott Sherrington Yale University Press, 1906.

5. Loewi, O. (1924) Über humorale Übertragbarkeit der Herznervenwirkung. Pflügers Archiv für die Gesamte Physiologie des Menschen und der Tiere 204, 629–640. doi: 10. 1007/BF01731235.

第二章　世紀帝國的形成

1. Mark McMenamin (1998) The Garden of Ediacara: Discovering the First Complex Life.

2. Chen, L. et al. (2014) Cell differentiation and germ–soma separation in Ediacaran animal

embryo-like fossils. Nature, 516, 238-241.

3. 可見這篇期刊中的圖二：http: //www.nature.com/nature/journal/v466/n7302/full/nature09166.html

4. El Albani A et al. (2010) Large colonial organisms with coordinated growth in oxygenated environments 2. 1 Gyr ago. Nature 466(7302), 100-4.

5. Anthropogenie: oder, Entwickelungsgeschichte des Menschen ("Anthropogeny: Or, the Evolutionary History of Man", 1874, 5th and enlarged edition 1903).

6. King, N. et al. (2008) The genome of the choanoflagellate Monosiga brevicollis and the origin of metazoans. Nature 451, 783-788.

7. Fairclough, S.R. et al. (2010) Multicellular development in a choanoflagellate. Curr Biol 20(20), R875-6.

8. Boraas, M.E. et al. (1998) "Phagotrophy by a flagellate selects for colonial prey: A possible origin of multicellularity". Evolutionary Ecology 12 (2), 153-164.

9. Margulis, L. (1998) Symbiotic Planet: A New Look at Evolution. New York: Basic Books.
10. Hickman, C.P., Hickman, F.M. (1974) Integrated Principles of Zoology (5th ed.) Mosby.

11. 雖然多細胞生物擁有許多單細胞生物所沒有的優勢，但是前者同樣擁有許多後者所沒有的劣勢，比方說，多細胞生物雖然可能在能量使用上較有效率，但是為了維持生物體的複雜度和龐大體形，牠們可能必須攝入總量較多的能量才能生存，而一旦環境出現變化並使得牠們在攝取能量上遭遇困境，其生存力恐怕遠比不上簡單有力的單細胞生物。舉例來說，假設有一種生物剛從單細胞生物演化成多細胞生物，由於該生物的總能量需求較大，因此可能必須在陽光極為充足的地點才能生存，相對來說，原本的單細胞生物只要少許陽光就能生存。在這種情境之下，只要出現天無三日晴的逆境，該多細胞生物很容易就會因此滅絕。

此外，多細胞生物由於體形龐大複雜，因此在生殖策略上只能採取精兵政策（每次生殖時可能產生一個到數萬個卵），而無法像單細胞生物那樣隨時不斷的透過細胞分裂來進行等比級數式的數量增長。多細胞生物這樣的精兵生殖策略，可能會在環境出現災難性巨變時因為存活的個體數量不足而嘗到苦果。從這樣的角度來看，單細胞生物的「適應力」和「生存力」其實遠高於多細胞生物。事實上，單細胞生物在地球上的總個體數量、總生物質量和分布廣度，其實也都遠高於多細胞生物。因此嚴格說起來，由單細胞生物走向多細胞生物、然後再一路走向人類的演化途徑，並不能說是適應力變強的「進化」，而只能說是一條因為「偶然」而走上的不歸演化分支。

如果我們更進一步檢視生物不斷演化後的適應力，我們甚至可以發現，較晚演化出的複雜物種，其適應力和生存力似乎是一路遞減。在大陸自由學者王東岳的《物演通論》一書中，就曾經指出生物（萬物）演化日漸複雜但生存力卻愈來愈弱的趨勢：由於個體結構愈來愈複雜，其穩定度和生存度便會愈來愈低，而為了彌補穩定度和生存度上的弱化，個體就必須透過各種補償性的方式來強化自己的能力，這就是所謂的「遞弱代償」現象。

有鑑於此，我們必須留意一點，就是多細胞生物並沒有比單細胞生物更「優越」，我們在此所描述的，只是單細胞生物的其中一支如何「偶然」的形成多細胞生物，並在形成多細胞生物後「不得不」設法透過各種補償性的方式來彌補自身的缺點。神經細胞、神經系統、大腦和其認知能力的出現，或許正是為了彌補複雜生物體遞弱的穩定度和生存力才演化而來。

12. 《人類大歷史》Sapiens: A Brief History of Humankind (London: Harvill Secker, 2014).
13. Pantin, C.F.A. (1956) The origin of the nervous system. Pubblicazione della Stazione Zoologica di Napoli 25, 171-181.
14. Passano, L.M. (1963) Primitive nervous systems. Proc. Natl. Acad. Sci. USA 50: 306–313.
15. Grundfest, H. (1959) Evolution of conduction in the nervous system. In: Evolution of Nervous Control from Primitive Organisms to Man (ed. A. D. Bass), pp. 43 86. American Association for Advancement of Science.
16. Lentz, T.L. (1968) Primitive Nervous Systems. Yale University Press.
17. 櫛水母和刺細胞動物（例如水母、水螅、珊瑚和海葵）原本都被歸類為腔腸動物門

（Coelenterata）。所謂的「腔腸」，指的就是這些生物身上都只有一個可以同時處理養分和氣體交換的消化腔（或胃水管腔）。這些腔腸動物原本也稱為刺細胞動物，牠們都擁有可以用來捕食或禦敵的刺細胞（nematocyte）。但由於櫛水母並沒有刺細胞，因此後來獨立出來成為櫛水母動物門。

18. Moroz, L.L. et al. (2014) The ctenophore genome and the evolutionary origins of neural systems. Nature 510, 109-114.

19. Ryan, J.F. et al. (2013) The genome of the ctenophore Mnemiopsis leidyi and its implications for cell type evolution. Science 342, 6164

20. Ryan, J.F. (2014) Did the ctenophore nervous system evolve independently? Zoology 117, 225-226.

第三章　窮兵黷武的競賽

1. 在本書的原始草稿中，這個句子原本是：「中央集權型生物」的生存競爭力高於

「地方自治型生物」。感謝黃貞祥教授的指正，在各位讀到的最終版本中，這個句子已經修正為：「中央集權型生物」的可塑性和應變彈性遠遠超過了「地方自治型生物」。這其中的差異，大家可以在黃貞祥教授的書末評論中找到解答。

2. Hartenstein, V. (2006) The neuroendocrine system of invertebrates: a developmental and evolutionary perspective. J Endocrinol 190, 555-570.

3. 詳見《寒武紀大爆發》，貓頭鷹出版。

4. Margolskee, R.F. et al. (2007) T1R3 and gustducin in gut sense sugars to regulate expression of Na+-glucose cotransporter 1. PNAS 104, 15075-15080.

5. Glendinning, J.I. et al. (2000) Taste transduction. In: Neurobiology of Taste & Smell (eds. T. E. Finger, W. L. Silver, and D. Restrepo), 2nd edn., pp. 315 352. Wiley.

6. Filleur, S. et al. (2005) Nitrate and glutamate sensing by plant roots. Biochem Soc Trans 33(Part 1), 283 286.

7. Finger, T.E. (2009) The evolution of taste systems. In: Kaas J.H. (Eds) Evolutionary

Neuroscience, Academic Press, 460-474.

8. Dethier, V.F. (1962) To Know a Fly. Holden Day.

9. Elliott, E.J. (1986) Chemosensory stimuli in feeding behavior of the leech Hirudo medicinalis. J Comp Physiol A 159(3), 391 401.

10. Simon, T. and Barnes, K. (1996) Olfaction and prey search in the carnivorous leech Haemopis marmorata. J Exp Biol 199(Part 9), 2041 2051.

11. Hänig, D. (1901) Zur Psychophysik des Geschmackssinnes. Philosophische Studien 17, 576–623. Retrieved July 9, 2014.

12. Collings, V.B. (1974) Human Taste Response as a Function of Locus of Stimulation on the Tongue and Soft Palate. Perception & Psychophysics 16, 169-174.

13. Kuninaka, A. (1960) Studies on taste of ribonucleic acid derivatives. Journal of the Agricultural Chemical Society of Japan 34, 486-492

14. Schiffman, S.S. and Gill, J.M. (1987) Psychophysical and neurophysiological taste

responses to glutamate and purinergic compounds. In Kawamura, Y. and Kare, M. R. (eds), Umami: A Basic Taste. Marcel Dekker, New York, pp. 271-288.

15. Lennertz, R.C. et al. (2010) Physiological basis of tingling paresthesia evoked by hydroxy-α-sanshool. J Neurosci 30, 4353-4361.

16. Hagura, N. et al. (2013) Food vibrations: Asian spice sets lips trembling. Proc R Soc B: Biol Sci 280 (1770), p. 20131680.

17. Caprio, J. et al. (1993) The taste system of the channel catfish: From biophysics to behavior. Trends Neurosci 16(5), 192-197.

18. Schulkin, J. (1991) Sodium Hunger: The Search for a Salty Taste. Cambridge University Press.

19. Herness, M.S. (1992) Aldosterone increases the amiloride sensi tivity of the rat gustatory neural response to NaCl. Comp Biochem Physiol Comp Physiol 103(2), 269-273.

20. Lin, W. et al. (1999) Epithelial Naþ channel subunits in rat taste cells: Localization and

regulation by aldosterone. J Comp Neurol 405(3), 406-420.
21. Li, X. et al. (2005) Pseudogenization of a Sweet-Receptor Gene Accounts for Cats' Indifference toward Sugar. PLoS Genet 1(1): e3. doi: 10. 1371/journal. pgen. 0010003.
22. Fox, A.L. (1931) Six in ten 'tasteblind' to bitter chemical. Sci Newslett 9, 249.
23. Blakeslee, A.F. and Fox, A.L. (1932) Our different taste worlds. J Hered 23, 97-107.
24. Fox, A.L. (1932) The relation between chemical constitution and taste. PNAS 18, 115-120.
25. Garneau, N.L. et al (2014) Crowdsourcing taste research: genetic and phenotypic predictors of bitter taste perception as a model. Front Integr Neurosci 2014, 8(33).
26. Kim, U.-K. et al. (2003) Positional cloning of the human quantitative trait locus underlying taste sensitivity to phenylthiocarbamide. Science 299, 1221-1225.
27. Niimura, Y. (2012) Olfactory receptor multigene family in vertebrates: from the viewpoint of evolutionary genomics. Current genomics 13(2), 103.
28. Lucia, F.J. (2012) From chemotaxis to the cognitive map: The function of olfaction. PNAS

109(Suppl 1), 10693-10700.

29. Kavoi, B.M. et al. (2011) Comparative Morphometry of the Olfactory Bulb, Tract and Stria in the Human, Dog and Goat. In: The 10th International Conference of the Society of Neuroscientists of Africa "Topics in Neuroscience: Basic to Clinic. University of Addis Ababa, Addis Ababa, Ethiopia.

30. Wysocki, C.J. (1979) Neurobehavioral evidence for the involvement of the vomeronasal system in mammalian reproduction. Neurosci Biobehav Rev 3, 301-341.

31. Karlson, P. and Luscher, M. (1959) 'Pheromones': a new term for a class of biologically active substances. Nature 183, 55-56.

32. Baxi, K. N. et al. (2006) Is the vomeronasal system really specialized for detecting phero mones? Trends Neurosci 29, 17.

33. Halpern, M. and Martinez-Marcos, A. (2003) Structureandfunctionof the vomeronasal system: an update. Prog Neurobiol 70, 245-318.

34. Schwenk, K. (1995) of tongues and noses: chemoreception in lizards and snakes. Trends Ecol Evol 10. 7-12.
35. Burghardt, G.M. and Pruitt, C.H. (1975) Role of tongue and senses in feeding of naive and experienced garter snakes. Physiol Behav 14, 185-194.
36. Halpern, M. et al. (1997) The role of nasal chemical senses in garter snake response to airborne odor cues from prey. J Comp Psychol 111, 251-260.
37. Alving, W.R. and Kardong, K.V. (1996) The role of the vomeronasal organ in rattlesnake (Crotalus viridis oreganus) predatory behavior. Brain Behav Evol 48, 165-172.
38. Graves, B.M. and Halpern, M. (1990) Role of vomeronasal organ chemoreception in tongue flicking, explcratory and feeding behaviour of the lizard, Chalcides ocellatus. Anim Behav 39, 692-698
39. Placyk, J.S., Jr. and Graves, B.M. (2002) Prey detection by vomeronasal chemoreception in a plethodontid salamander. J Chem Ecol.28, 1017-1036.

40. Halpern, M. et al. (2005) The role of the vomeronasal system in food preferences of the gray short-tailed opossum, Monodelphis domestica Nutr Metab (Lond.) 2, 6.
41. Linda B. Buck，二〇〇四年諾貝爾生物醫學獎得主。
42. Sam, M. et al. (2001) Odorants may arouse instinctive behaviours. Nature 412, 142.
43. Trinh, K. and Storm, D. R. (2003) Vomeronasal organ detects odorants in absence of signaling through main olfactory epithelium. Nat Neurosci 6, 519-525.
44. Meredith, M. (1986) Vomeronasal organ removal before sexual experience impairs male hamster mating behavior. Physiol Behav 36, 737-743.
45. Wysocki, C.J. and Lepri, J.J. (1991) Consequences of removing the vomeronasal organ. J Steroid Biochem Mol Biol 39, 661-669.
46. Fewell, G.D. and Meredith, M. (2002) Experience facilitates vomeronasal and olfactory influence on Fos expression in medial preoptic area during pheromone exposure or mating in male hamsters. Brain Res 941, 91-106.

47. Wysocki, C.J. et al. (1980) Access of urinary nonvolatiles to the mammalian vomeronasal organ. Science 207, 781-783.

48. O'Connell, R. J. and Meredith, M. (1984) Effects of volatile and nonvolatile chemical signals on male sex behaviors mediated by the main and accessory olfactory systems. Behav Neurosci 98, 1083-1093.

49. Fritsch, G. (1878). Untersuchungen über den fieneren Bau des Fischgehirns mit besonderer Berücksichtigung der Homologien bei anderen Wirbelthierklassen. Berlin: Verlag der Gutmann'schen Buchhandlung.

50. De Vries, E. (1905) Note on the ganglion vomeronasale. Proc kon ned Akad Wet 7, 704-708.

51. Johnston, J. B. (1914) The nervus terminalis in man and mammals. Anatomical Record 8, 185-198.

52. Locy, W.A. (1905). On a newly recognized nerve connected with the forebrain of selachians.

Anat Anz 26, 33–123.

53. Vilensky, J.A. (2014). The neglected cranial nerve: nervus terminalis (cranial nerve N). Clin Anat 27(1), 46-53.

54. Demski, L.S. and Northcutt, R.G. (1983) The terminal nerve: a new chemosensory system in vertebrates? Science 220, 435-437, 1983.

55. WIRSIG, C.R. (1987) Effects of Lesions of the Terminal Nerve on Mating Behavior in the Male Hamster. Annals of the New York Academy of Sciences 519, 241-251.

56. Fields, R.D. (2007) Sex and the Secret Nerve. Scientific American Mind 18, 20-7.

57. Kuhl , P.K. (2015). Baby talk. Scientific American 313, 64-69.

58. Saffran, J.R. et al.(1996) Word Segmentation: The Role of Distributional Cues. Journal of Memory and Language 35 (4), 606-621.

59. Broca, P. (1861). Remarks on the Seat of the Faculty of Articulated Language, Following an Observation of Aphemia (Loss of Speech). Bulletin de la Société Anatomique 6(1861), 330-

357.

60. Fancher, R.E. (1979). Pioneers of Psychology , 2nd ed. (New York: W. W. Norton & Co., 1990) pp. 72-93.

61. Fedorenko, E, et al. (2012) Language-selective and domain-general regions lie side by side within Broca's area. Curr Biol 22, 2059-62.

62. Fedorenko, E., Hsieh, P.-J. et al. (2010) New method for fMRI investigations of language: defining ROIs functionally in individual subjects. J Neurophysiol 104, pp. 1177-1194.

63. Parvizi, J. et al. (2012) Electrical stimulation of human fusiform face-selective regions distorts face perception. J Neurosci 32(43), 14915-20.

64. 此影片可以在Youtube上觀賞‥https: //www.youtube.com/watch?v=PcbSQxJ7UrU

65. Quiroga, R.Q., et al. (2005) Invariant visual representation by single neurons in the human brain. Nature 435. 1102-1107.

66. Mishkin, M. and Ungerleider, L.G. (1982) Contribution of striate inputs to the visuospatial

functions of parieto-preoccipital cortex in monkeys. Behav Brain Res 6 (1), 57-77.

67. O'Keefe, j. and Dostrovsky, J. (1971) The hippocampus as a spatial map. Preliminary evidence from unit activity in the freely-moving rat. Brain Research 34 (1), 171-175.

68. Hafting, T. et al. (2005) Microstructure of a spatial map in the entorhinal cortex. Nature 436 (7052), 801-806.

69. Brown, C. et al. (2012) It pays to cheat: tactical deception in a cephalopod social signalling system. Biol Lett 23, 8(5), 729-32.

70. Motluk, A. (2001) Big Bottom. New Scientist 19 (7).

71. Langford, D.J. et al. (2010) Coding of facial expressions of pain in the laboratory mouse. Nat Methods 7, 447-9.

72. Petitto, L.A. abd Marentette, P.F. (1991) Babbling in the manual mode: Evidence for the ontogeny of language. Science 251, 1483-96.

73. Petitto, L.A. et al. (2001) Language rhythms in babies' hand movements. Nature 413, 35-

36.
74. Mayberry, R.I. (2000) Gesture Reflects Language Development: Evidence from Bilingual Children. Current Directions in Psychological Science 9 (6), 192-196.
75. Xu, J. et al. (2009). Symbolic gestures and spoken language are processed by a common neural system. PNAS 106,20664-20669.
76. Corballis, M.C. (1999). The Gestural Origins of Language. Am Sci 87, 38-145.

第四章　掌控｜切的基因

1. Currier, R.C. (2015). Unbound: How Eight Technologies Made Us Human, Transformed Society, and Brought Our World to the Brink. Arcade Publishing.
2. Cartailac, E. (1902) Les Cavernes ornees de dessins: La Grotte d'Altamira, (Espagne). "Mea culpa" d'un sceptique. L'Anthropologie. 13, 348-354.
3. Rowe T B. et al. (2011) Fossil Evidence on Origin of the Mammalian Brain. Science.

332(6032), 955-957.

4. Van Essen, D.C. et al. (1992) Information processing in the primate visual system: an integrated systems perspective. Science.255, 419-423.

5. Dunbar, R.I.M. (1998) The social brain hypothesis. Evolutionary Anthropology 6(5), 178-190.

6. Dunbar, R.I.M. (2011). The social brain meets neuroimaging. Trends in Cognitive Sciences 16(2), 101-102.

7. Kanai, R. et al. (2011) Online social network size is reflected in human brain structure. Proceedings of the Royal Society: Biological Sciences DOI: 10. 1098/rspb. 2011. 1959.

8. Bickart, K.C. et al. (2011) Amygdala volume and social network size in humans. Nature Neuroscience 14, 163-164.

9. Sallet, J. et al. (2010) Social network size affects neural circuits in macaques. Science 334(6056), 679-700.

10. http: //www.bbc.com/earth/bespoke/story/20150311-the-15-tweaks-that-made-us-human/index. html
11. Scally, A. et al. (2012) Insights into hominid evolution from the gorilla genome sequence. Nature 483, 169-175.
12. Fedrigo, O. et al. (2011). A Potential Role for Glucose Transporters in the Evolution of Human Brain Size. Brain Behav Evol 78, 315-326.
13. Evans, P.D. et al. (2004) Adaptive evolution of ASPM, a major determinant of cerebral cortical size in humans. Hum. Mol. Genet. 13 (5): 489-494.
14. Florio, M. et al. (2015) Human-specific gene ARHGAP11B promotes basal progenitor amplification and neocortex expansion. Science Vol. 347 no. 6229 pp. 1465-1470.
15. Pollard, K.S. et al. (2006) An RNA gene expressed during cortical development evolved rapidly in humans. Nature 443, 167-172.
16. Stedman, H.H. et al. (2004) Myosin gene mutation correlates with anatomical changes in

the human lineage. Nature 428 (6981), 415-8.

17. 關於MYH16基因突變的時間點，另有一說是530萬年前：Perry, G. H. ; Verrelli, B. C. & Stone, A. C. (2005). Comparative analyses reveal a complex history of molecular evolution for human MYH16. Mol Biol Evol 22(3), 379-382.

18. Chiang, M. et al. (2009) Genetics of Brain Fiber Architecture and Intellectual Performance. Journal of Neuroscience 29(7), 2212-2224;

19. Glascher, J. et al. (2010) Distributed neural system for general intelligence revealed by lesion mapping. Proc Natl Acad Sci USA 107 (10), 4705-4709.

20. Dennis, M.Y. et al. (2012) Evolution of human-specific neural SRGAP2 genes by incomplete segmental duplication. Cell 149 (4), 912-22.

21. Charrier, C. et al. (2012) Inhibition of SRGAP2 function by its human-specific paralogs induces neoteny during spine maturation. Cell 149(4), 923-935.

22. Sudmant, P.H. et al. (2010). Diversity of Human Copy Number Variation and Multicopy

Genes. Science 330(6004), 641-6.

23. Schreiweis, C. et al. (2014) Humanized Foxp2 accelerates learning by enhancing transitions from declarative to procedural performance. PNAS 111(39), 14253-14258.

24. Dunsworth, H., et al. (2012) Metabolic hypothesis for human altriciality. PNAS 109(38), 15212-15216.

25. Holliday, M.A. (1986) Body composition and energy needs during growth. Human Growth: A Comprehensive Treatise, Vol 2 Postnatal Growth, eds Falkner F, Tanner JM (Plenum, New York), 2 Ed, pp 117-139.

26. Kuzawa C.W.et al., (2014) Metabolic costs and evolutionary implications of human brain development. PNAS 111 (36), 13010-15.

27. Wrangham, R. (2009) Catching Fire: How Cooking Made Us Human, Basic Books, ISBN 978-0-465-01362-3.

28. Prabhakar, S. et al. (2008).Human-Specific Gain of Function in a Developmental Enhancer.

Science. Vol. 321 no. 5894 pp. 1346-1350.

第五章　跳脫輪迴的反叛

1. Bozek, K. et al. (2014) Exceptional Evolutionary Divergence of Human Muscle and Brain Metabolomes Parallels Human Cognitive and Physical Uniqueness. PLoS Biol 12(5), e1001871.
2. Frappier, J. et al. (2013) Energy Expenditure during Sexual Activity in Young Healthy Couples. PLoS ONE 8(10): e79342. doi: 10. 1371/journal. pone. 0079342.
3. Thomsen, R. (2000) Sperm Competition and the Function of Masturbation in Japanese Macaques. Ludwig-Maximilians-Universität München.
4. Baker, R.R. and Bellis, M.A. (1993) Human sperm competition: Ejaculate adjustment by males and the function of masturbation. Animal Behaviour 46 (5), 861, 25p.
5. Shackelford, T.K. and Goetz, A.T. (2007). Adaptation to Sperm Competition in Humans.

Current Directions in Psychological Science 16(1), 47-50.

6. European Society of Human Reproduction and Embryology (ESHRE). "Daily Sex Helps Reduce Sperm DNA Damage And Improve Fertility. " ScienceDaily. ScienceDaily, 1 July 2009.

7. 海德特《好人總是自以為是》。Haidt, J. (2012) The Righteous Mind: Why Good People are Divided by Politics and Religion.

8. Gorrell, J.C. et al. (2010) Adopting kin enhances inclusive fitness in asocial red squirrels. Nature Communications 1(22), 1.

9. Pinker, S. (1997) How the Mind Works. New York, NY: W. W. Norton & Company.

10. Libet, B, et al. (1983) Time of conscious intention to act in relation to onset of cerebral activity (readiness-potential). The unconscious initiation of a freely voluntary act. Brain 106(Pt 3), 623-642.

11. Soon, C.S. et al. (2013) Predicting free choices for abstract intentions. PNAS 110(15),

6217-6222.

12. Soon, C.S. et al. (2008) Unconscious determinants of free decisions in the human brain. Nat Neurosci 11(5), 543-545.

13. Hsieh, P.-J., et al. (2012) Pre-stimulus pattern of activity in the fusiform face area predicts face percepts during binocular rivalry. Neuropsychologia 50, 522-529.

14. Colas, J.T. and Hsieh, P.-J. (2014) Pre-existing brain states predict aesthetic judgments. Human Brain Mapping 35(7), 2924-34.

15. Huang, Y.F. et al. (2014) Pre-Existing Brain States Predict Risky Choices. NeuroImage. 101, 466-472.

16. Hsieh, P.-J. et al. (2011) Pop-out without awareness: Unseen feature singletons capture attention only when top-down attention is available. Psychological Science. 22, 1220-1226.

17. Hung, S.-M. and Hsieh, P.-J. (2015) Syntactic processing in the absence of awareness and semantics. Journal of Experimental Psychology: Human Perception and Performance. 41(5),

1376-84.

18. Huang, Y.F. et al. (2014) Unconscious Cues Bias First Saccades In A Free-Saccade Task. Consciousness and Cognition 29, 48-55.

19. Arsenault, J.T. et al. (2014) Role of the Primate Ventral Tegmental Area in Reinforcement and Motivation. Curr Biol doi: 10. 1016/j. cub. 2014. 04. 044. [Epub ahead of print]

20. 感謝「哲學哲學雞蛋糕」的老闆朱家安建議在此區分「意識意志」和「自由意志」。

終　章　擺脫束縛的未來

1. 相關的類似討論請見知名意識哲學家查爾默斯（David Chalmers）的《意識心靈》（*The Conscious Mind*），他曾在書中提到過一個「大腦置換論證」，並以此來論證意識在大腦被置換後仍會存在。

哲學界×科學界
頂尖意見領袖跨界批判評論集

科學是一個不斷逼近真相的過程，由不同的科學家對於一現象不斷提出不同的證據辯論，以使學說更加逼近真實。謝伯讓於書內提出了「大腦已經超脫基因掌控」的論述，然而，若在不同學科脈絡下，這是否已成為一個定論了呢？

據此，我們特別做了出版界的大膽嘗試：邀請從哲學界至演化生物學界，各界的頂尖意見領袖：「人渣文本」周偉航老師、清華大學生命科學系助理教授黃貞祥老師、資深出版人陳穎青老師、英國倫敦國王學院哲學博士候選人劉敬文（妖西）老師以及中山大學生物科學系副教授顏聖紘老師針對謝伯讓所提出的論述，以自己的學術訓練背景為基石，提出最大膽的評論。也希望讀著此書的您，也可以藉此思考大腦與自由的種種可能。

正在猜拳的倫理學與腦科學

周偉航／輔仁大學哲學系助理教授、「人渣文本」版主

這是本談大腦的書，而我是個倫理學研究者與專欄作家。那這書和我，又有什麼關係呢？我想，就從下面這樣的閒談開始好了。

在一般民眾的眼中，倫理學研究者可以區分為兩種形象。

第一類，是文學院中的倫理學家、哲學家。這類倫理學研究者，是傳統知識與價值的捍衛者，飽讀詩書，有某種堅定的信念，向他們請教道德問題，可以在三秒內得到答案。

這些人的倫理學研究是在書齋中進行，不太參考量化研究的成果，甚至其他研究得

到相反的結論時，他們也能完全忽略，自成體系的活下去。換個角度來看，他們好像有種「聖人感」。

第二類倫理學研究者，是探討人類行為的科學家。這些科學家透過經驗觀察與科學實驗，掌握到了前所未有的人類行為知識，而這些知識可能完全「打臉」上面第一類人所堅持的傳統倫理智慧，所以第二類研究者會將第一類人的意見定位為「信仰」，並主張自己的新發現能終結過往倫理難題，替人類的生命衝突找到單純的解答。

這類學者就像其他科學家，口中都是些超難的化學分子或專有名詞。相對於第一類學者的聖人感，第二類學者有點「阿宅感」，但其說服力可不見得比較弱。

這兩種形象都各有人支持，就看你是比較喜歡「文組」，還是「理組」了。

但真實的倫理學研究者，是這樣子的嗎？我只能說，有點對，也不太對。現存主要的倫理學家，應該都是介於兩者之間的「古怪混合物」。

倫理學界的確存在上述兩類人，但就我個人的看法，這兩類人都不是主流。大多數的現存的倫理學研究者，都受過嚴謹的傳統倫理學訓練，卻也抱持相對開放的心態，對其他學門的相關研究成果不會有什麼先入為主的敵意，也不斷學習新的研究方法。

因為傳統倫理學理論本身已經「卡關」了，各大流派形成類似「剪刀、石頭、布」的相生相剋循環，如果沒有新的「破口」，實在很難進一步分出勝敗。其中一個可能的破口，就是腦科學的發展。

如前所述，某些（比較不關懷當代人文發展的）民眾認為倫理學家都還是上述的「第一類」研究者，還在堅持一些像是宗教，甚至根本就是來自於宗教的預設，並由此推出整個道德系統理論。

因此，當某些科學家發現新的證據，例如人類的行為反應和過去推想的成因有落差，或是大腦運作機制與信仰主張相反時，常有人認為這能推翻倫理學界的許多理論。

不過，他們所指的那些「可能被推翻的理論」，通常已有一兩百年的歷史，像是康德、休謨、邊沁，或彌爾這些「近代」倫理學。這些近代理論不用等外人來罵，也早已成為「當代」倫理學家激烈批評的對象。當代倫理學研究者通常不認為這些人的理論具有「完備」、「自足」、「健全」的性質。

那當代倫理學又有什麼見解呢？知名大師又有誰？邁可桑德爾（Michael J. Sandel）？他的理論是什麼？

當代倫理學家已很少提出一套全方位的倫理學理論，因為那樣很容易出包。近年最接近的嘗試，是羅爾斯（John Rawls）等人提出的各種正義理論，但那也只適用政治領域中的一部分。大系統已消失，取而代之的是無數破碎、小細的「倫理學基因片段」。

倫理學家多半在處理小問題，想要修補拋錨的大系統，但這也讓他們的視野愈來愈狹窄。因此，當科學家們提出某些新見解，像是：「沒有自由意志存在！」（本書最後亦提及相關論述）並認為這會打擊到整個倫理學時，許多倫理學研究卻只會有這樣的冷反應：「喔，然後呢？」

因為真正在「玩」自由意志概念的人沒那麼多，所以不少倫理學研究者會認為「這是別人家的事」。有些倫理學家甚至本來就反自由意志，他們可能有宗教背景，甚至還拿這種科學研究成果來幫特定宗教或信念背書。

科學傷害不了倫理學，反而能夠幫助倫理學，對現存任何倫理觀點的「吐槽」，通常都會受到倫理學界的歡迎。相對來說，倫理學研究者也不是單純只會參考、照抄其他學門的研究成果，有時也會反思其他學門論點是否有一些推論上的漏洞。

或許是因為不太理解人文學科的特性，科學家常意外踏入他們不熟的領域，像是「價值論」。自然科學本是盡力追求「價值中立」（value free），但有時會不小心忘了這點，而採取某種價值立場，或是過度推論。

像是在本書第五章中，作者主張大腦的一些運作，已超出了演化可以推論的範圍，像是手淫等浪費熱量，又無益基因繁衍的喜好，這可能顯示大腦在對抗基因掌控，想超脫基因設下的規矩。

為了捍衛自身的主張，作者思考了兩種可能反面論證，並且一一破解。但就傳統哲學與倫理學的角度看來，作者似乎犯了一個演化心理學常見的謬誤，把演化的可能原因朝自己設想的方向去解釋。

簡單來講，作者把「利於生存繁衍」這個價值標準限制在「有效率的利用熱量」和「有效率的繁衍基因」，卻沒有考量到，「利於生存繁衍」一語，還可能有更多的價值涵指。

像是手淫（指生理男性的手淫），表面上是浪費熱量和精液，似乎不利繁衍，但有手淫經驗的人都清楚，手淫有時可以提升「生活品質」，甚至是大幅提升。

就像總有女人問：「為什麼男人已經有了性伴侶，卻還是要打手槍？」但男性可以舉出各種的理由來支持這種行為，像「偶爾換吃麵，可以讓飯感覺更好吃。」「需要定時發射來調整體內的氣場。」「想要有自己能完全掌控的性愛，讓身心徹底舒展。」「要修練到可以有更強的忍射力。」等等，這些理由都指出手淫不只是爽那一下而已，它可能涉及一種更龐大、高階的內在目的性。

如果覺得談手淫有高階目的性，說服力不太夠的話，那像是審美行動，或是進行一些犧牲不多的道德活動，也都不只是一時的「精神勝利」，更會指向某種高階的目的性，而這種高階目的性和「對人來說的良善生活」（the good life for man）有關。

而身心各種層面的生活品質提升了，當然會更有利於繁衍。當代社會的複雜性，讓「有利繁衍」的條件變得異常複雜，為了滿足這一狗票條件，大腦只好發展出一堆行為花樣。

所以，作者認為這類行為可能代表大腦在對抗基因，但就倫理學中的內在價值論觀點（而且還是滿舊的觀點，約一九八〇年代出現），這些行為反而是大腦以複雜迂迴的方式，來實踐基因的指示。

雖然這種主張不見得有生理或基因層面的直接證據，但作者原來對於大腦對抗基因的推論，也沒有太多生理或基因層面的證據，所以如果作者對於演化的推論能夠成立，那我對於演化的推論也同樣成立，甚至更能成立：因為作者導出的是一個「不一致」的系統（大腦對抗基因），而我的主張是「一致」的（大腦以複雜多元的方法支持基因）。

就算我的說法和作者的說法「等值」好了，兩方都成立，這就代表「一個手淫」，卻有「腦對抗基因」與「腦支持基因」這兩種詮釋，「一淫各表」，誰對誰錯？還是這種演化心理學的推論模式，本身就是想太多了，過度推論呢？在行為價值判斷的部分放進了太多個人的價值偏好？

當然，倫理學研究者基本上還是對腦科學家的研究抱持高度的肯定，因為倫理學研究者慢慢發現，有些倫理問題，似乎只有腦科學才有辦法解答。

像不同的倫理學流派，是單純的後天信念之別，還是腦本身有所不同呢？某些倫理學流派的人是不是「比較笨」？或者說，大腦活躍的區塊不同？又或者，他們大腦就是缺乏某些機制（功能），而此類缺陷是來自基因的層次？像康德那種極端的論述，是不是和他的大腦狀況有關係？

如果有幾個答案為「是」，那倫理學的板塊，又會產生有趣的漂移和變動了。

許多人總以為倫理學家的工作，就是找到道德的標準答案，但倫理學家早就發現，唯一可確定的答案，就是每個流派的答案都不夠好，而且永遠都不可能完美。因此，正如腦科學的發展不會停下來，倫理學的推進也是。就讓大家多看，多聽，然後一起往前多走幾步路。當然，還是可以彼此吐槽求進步。

究竟什麼是真正的自由？

黃貞祥／清華大學生命科學系助理教授

伯讓兄是少有的有才科普作家，他在這本《大腦簡史》中，加入了許多他對大腦演化的新觀點，並且還有這麼一個創新的做法，邀請幾位專家、作家、部落客等來討論書中的主題。

整體而言，伯讓兄用了非常生動的筆觸寫了動物的演化史，也很深入淺出地闡述了腦的許多部區和功能，還巧妙地加入他自己長年的研究成果，是本寓教於樂的科普好書。他是台灣大學生命科學學系畢業的，在赴美留學念博士班前念了中正大學哲學研究所，探討心靈哲學。這本書探討的是腦的演化，在書中伯讓兄的哲學觀點是，腦或者說神經元是自私的。其實，我們很少在科普書中，在看到知識的有趣介紹的同時讀到啟發性的創見，這值得大力鼓勵。

來自《自私的基因》的擬人化比喻

這種擬人化的手法，起源是來自牛津大學的演化生物學大師道金斯的《自私的基因》。《自私的基因》無疑是演化遺傳學的經典之作，道金斯用極為淺顯易懂的文字，為大家解釋一個很複雜的演化生物學觀念，不僅故事精采，邏輯也夠嚴密，所以深受讀者喜愛，歷久不衰。

讀《自私的基因》時，我正在念大學，也感到非常震撼，覺得演化生物學真是個極為有趣，又有奧妙邏輯的一門科學，於是獻身研究迄今。《自私的基因》是本博大精深的好書，其中一個重要的觀點，就是用基因是自私的，來解釋利他行為的演化。這個解釋的其中一個奧妙，當然是兩者乍看之下是矛盾的。

利他行為這種犧牲自己的生存和繁殖機會來造福其他個體的行為，在各種動植物中皆可見。原先，演化生物學家是用團體選擇（group selection）來解釋，也就是那些個人是犧牲小我、完成大我，有利他行為個體的團體比沒有的團體更有利等等。

然而，在八〇年代，已故的英國演化生物學大師史密斯（John Maynard Smith, 1920-2004）卻主張天擇的單位不是團體，而是個體。他用數學模式反駁團體選擇的可能。而道金斯在《自私的基因》中的主張更激進，他認為天擇的單位甚至不是個體，而是基因。他的主張是來自另一位已故的美國演化生物學大師威廉斯（George C. Williams, 1926-2010）在經典《適應與天擇》（*Adaptation and Natural Selection: A Critique of Some Current Evolutionary Thought*）裡提出的，持這主張的演化生物學大師還有漢彌爾頓，這些主張稱為「基因中心的演化觀點」（gene-centered view of evolution）。我個人覺得這個理論最大的說服力是，無法遺傳的性狀，無論有多好，天擇都無法挑選，而表徵性狀既然要能夠遺傳，那麼天擇的單位說是基因也不為過。

這個觀點通俗上就稱作「自私的基因理論」（selfish gene theory），這理論不算好理解，但在《自私的基因》的推波助瀾下，居然也成了大眾都能朗朗上口的演化理論之一。這個理論的提出，是演化生物學史上的一個里程碑，因為可以用來解釋許多很弔詭的現象，而且也容易測試，還具有啟發性，所以這方面的論文頗多，在學術界也頗有影響力。

道金斯在《自私的基因》把基因描述成自私的，這擬人化的手法，很有趣也廣為接受，雖然在學術界有很大的爭議，但「自私的基因」（selfish genes）或「自私的遺傳元素」（selfish genetic elements）這類名詞，在學術論文中也可見。一個理論的興衰或價值，很多時候是在其能不能有更好的解釋力。美國科學哲學家孔恩（Thomas S. Kuhn, 1922-1996）在其經典的《科學革命的結構》（*The Structure of Scientific Revolution*）中，卻指出典範的建立和轉移，其實比這還複雜。自私基因理論讓科學家有了很方便好用的典範去玩解謎遊戲，所以能夠流行。

然而，道金斯在《自私的基因》中擬人化的說法，卻也造成了不少問題。主要問題就是，「自私」這詞，似乎是帶有「目的性」的。可是，基因是不會思考的，它們沒有

「想要」把自己傳下去。比較正確的說法是，有些突變如果剛好能夠透過各種機制增加傳遞而且生存下來的機會，在後代中的頻率會愈來愈高，這是個邏輯性的法則。生物學是實驗科學，我們也確定觀察到這樣的現象。所以「自私」的比喻，實則和自不自私無關，真正關乎的是繁殖和生存能力。

伯讓兄在《大腦簡史》中，把《自私的基因》的說法搬了出來，也用擬人化的手法來敘述腦的演化，把腦視作一個自私的器官，到最後，人體成了腦的載具而已。當然，伯讓兄很清楚這些擬人化的比喻是圖方便而已。

神經系統為何演化成更複雜？

生物的演化，看似往愈來愈複雜的方向演化，給了我們一個錯覺，以為複雜度的提高，是適應性的提高。可是，這是很大也很常見的誤會。更複雜的生物，是更成功的生物嗎？在演化生物學界，我們已放棄了演化是往更進步的方向前進的幻覺。我們人類是萬物之靈嗎？要怎麼定義成功？

是個體數最多？還是生物質量最大？還是繁衍的速度？改造環境的能力？存活在地球上的時間？其實，就以上問題而言，最成功的生物反而是單細胞的細菌無誤。如果細菌那麼成功，那麼為何還會演化出更複雜的生物？簡單的答案，不是因為更複雜的生物更成功，而是更複雜的生物能夠適應到新的「生態棲位」（Ecological niche）。舉個比較極端的例子，就是細菌有可能飛上天嗎？飛翔能力是很複雜的，能飛不代表更成功，但肯定能適應到新的生態棲位。

多細胞生物的出現，就是演化史上一項重大創新，也是一道謎。多細胞生物身體中，本身就存在很大的矛盾，為何絕大多數細胞放棄了繁殖的機會，乖乖分化成各種組織器官，然後還整體配合無間。其實，多細胞生物的有些細胞，會出錯而放肆地瘋狂生長，那就是我們熟悉的癌症。若要說「自私」，神經元是比不過癌細胞的。書中提到，動物的神經系統，是從「地方自治型生物」往「中央集權型生物」演化的，這趨勢上是如此，但主要原因可能是「中央集權型生物」有更大的行為彈性，能夠適應新的生態棲位，而非後者比較有競爭優勢。

我們人類的意識，無疑是「中央集權型生物」在地球上演化迄今的極致。演化生化學家尼克·連恩（Nick Lane）在他的好書《生命的躍升：四十億年演化史上最重要的十大關鍵》（*Life Ascending: The Ten Great Inventions of Evolution*）就把這個人類心智的根源列為四十億年演化史上最重要的十大關鍵之一。對比人類歷史，我們也能觀察到類似的有趣現象。

人類社會過去長期是以小部落小村莊的形式存在的，一直到德國哲學家卡爾·雅士培（Karl Theodor Jaspers, 1883-1969）在《歷史的起源與目標》（*The Origin and Goal of History*）提出的「軸心世紀」（Achsenzeit）有了翻天覆地的改變，那大約是從公元前八世紀到前二世紀之間。在這期間，不論是中國、印度及西方，都有革命性的思潮湧現。軸心世紀中國的聖人是孔子，西方在這個時期則是蘇格拉底，而印度文明則對應的是釋迦摩尼。這些哲學思想，可謂是人類社會的集體意識的覺醒吧！

一些人類學家相信，軸心時代的覺醒是由農業創造的大量富餘供給引發的，全世界大規模灌溉系統和水利工程的建設提供了條件。因此，腦發達到能夠產生意識，也說不定是肌肉血管系統的高度發展，為意識的覺醒提供了營養上的大量餘富。有趣的是，為何只有人類這種靈長類有了意識上的覺醒，而非其他動物？這也像為何只有少數社會發展出高度的文明一樣是個難解但誘人的謎題。

我們的心理和行為也是演化的結果？

在書中，伯讓兄指出，演化到極致的大腦在對抗生物繁衍的宿命。要用演化來解釋人類的許多行為，這在學術界也是能吵翻天的。自從演化生物學大師威爾森（Edward O. Wilson）在他經典的《社會生物學：新綜合理論》（*Sociobiology: The New Synthesis*）的最後一章提到了人類，在學界和公眾都引起了軒然大波，許多學者和公民團體群起圍攻，但在學術界也啟發了更多人以演化生物學的觀點來研究人類的行為和心理，創立了演化心理學這一學門。

是的，人類有些行為確實無法再用基因來解釋，例如現代許多國家都面臨了一個窘境，就是太多人為了過較輕鬆愉快的生活，選擇少生孩子，或甚至不生小孩。很多反對「基因陰謀論」者，都指出這和基因演化不符。或者自殺也是個只有人類才有的行為，但那不利基因傳遞。

然而，我們知道，其實並非所有表徵，都是天擇的直接產物，都有其適應性的。已故的演化生物學大師古爾德（Stephen Jay Gould, 1941-2002），提出一個比喻，指出聖馬可教堂支撐拱肩的拱形桁架（又稱「三角壁」）上有精采的壁畫，但其作用並非是設計來作畫的，是建築上結構和樣式的副產品，只是後來不用白不用，所以拿來作畫或放其他裝飾。同樣的，並非所有表徵，都是天擇的直接產物，有不少可能只是副產品。所謂的「自由意志」，可能只是個副產品，假如其存在的話。

其實做出少生育或不生育的決定，也不見得非演化而來的。當後代存活率提升時，少生反而是理性的抉擇，只是這樣的抉擇，在我們現代的社會不適應了。就像我們身體選擇儘量儲存大量脂肪，過去百萬年來，是個很理性的抉擇，但是到了現代社會不適應了。當我們在談論演化時，也得注意到，環境的變動是否讓過去好的性狀或行為，成為不太妙的表徵。

那麼自殺又是怎麼回事呢？自殺比不生育還狠還絕。在論證自殺時，我們是否先要探討自殺的原因。一般來說，自殺有情緒、宗教、榮譽感和人生意義，除了情緒，其他原因不是生物學的。是的，我們人類社會，有許多現象，已經無法用生物學的因素來解釋。以色列歷史學家哈拉瑞在好書《人類大歷史：從野獸到扮演上帝》（*Sapiens: A Brief History of Humankind*）指出，人類不同於其他動物之所在，是我們能無中生有地建構心中想像的虛構事物，還由衷地信以為真。因宗教、榮譽感和人生意義而自殺，是超過生物學能理解的範圍，但那也是起源自我們智人在七萬年前產生的「認知革命」，那是腦和意識演化的副產品，不是天擇直接作用的，當然也非「基因陰謀論」能解釋的。

就情緒而言，最主要導致自殺的情緒，是悲傷。就這個問題，我們也要考量到，遺傳學的理論，也會考量環境的部分的。這問題有兩個層次，一是我們的腦為何要演化出悲傷的感覺？另一個是有些人是否天生就比較容易感到悲傷？悲傷的感覺，並非人類才有，只要有養寵物或觀察過其他動物，也多少能觀察到。悲傷的感受，簡單來說，是演化來避免一些不好的事物，主要還是和繁衍有關；遺傳學的研究也顯示我們是否容易快樂或悲傷，大概有五成是由遺傳決定的，也就有約五成是後天的。

但無論如何，悲傷到自殺，似乎是只有人類才有的行為。既然我們能否產生悲傷的感覺，以及悲傷的程度有遺傳傾向，那麼會自殺，我認為，那是人類行為彈性夠大的一個副產品。其他動物不會自殺，只是因為牠們的行為沒有彈性到自殺能夠成為一個選項。而人類可以有樣學樣，只要有人自殺，其他人可以模仿。這麼說是有根據的，自殺事件的媒體報導會提高自殺行為，這在社會心理學上已有所研究。這就是為何媒體報導自殺事件，都要列出一則善意的提醒：

「自殺不能解決問題，勇敢求救並非弱者，生命一定可以找到出路……」

另外，演化是在持續進行的，我們現在看到的，不過是整個歷史悠遠長河的一個薄薄的切片。在演化的長河中，基因頻率是會因許多因素而變動的，其改變的動力除天擇外，還有隨機漂變、新突變等等。假設全球經濟都得到大幅改善，讓大量人口決定不生小孩了，於是全球都陷入人口萎縮的危機。假設想生多或生少，是可以有遺傳傾向，那麼在未來的世界裡，願意多生小孩的父母，是否就會有了更多更想多生育的子女子孫？那麼是否會愈來愈多人更想大量生育了？這個簡單的思想實驗，可以讓我們了解，要了解演化，是要瞻前顧後的，而且是要以族群的整體表現為考量。

最後，我要提出，不可遺傳的，就不會是天擇能夠有所作用的，無論那個東西有多奇妙。天擇無法挑選出思想，也無法挑選出文化和信仰；另外，有些可遺傳的性狀表徵，也不一定是天擇直接作用到的，很有可能是某個器官或功能的副產品；還有，少數個體甚至多數個體在既定時刻的表現對繁衍不利，仍無法說明那些行為或特徵和演化遺傳無關，因為我們必須考量一個生物過去面對的問題，以及環境的變動是否讓適應性改變了。

伯讓兄在這本書中，強烈主張我們的自由意志，是可以戰勝基因的束縛的。生活在一個又一個想像的共同體等虛構的事物下，究竟什麼是真正的自由呢？這是值得好好深究的。

大腦對抗基因論

陳穎青／資深出版人

從自我意識的角度看，作者主張的「大腦對抗基因論」會贏得我個人的認同，畢竟長生不老是許多人追求的夢想，如果對抗成功，意識脫離基因宰制，成為虛擬世界的「個體」，那麼隨心所欲，縱浪大化，「意識我」的世界從此將海闊天空，自由發展。不過認同歸認同，理性來看這個問題卻可能不是那麼簡單就能認同或不認同。

從工程的角度看，基因是一種製造生命的「藍圖」，藍圖如果製造出一個多工或多意義的物品，你就很難限制那個最後成品，只能用於原始設計的特定用途上。例如你根據藍圖造了一把菜刀，它完全符合砍肉、切菜、拍蒜的用途，但它能不能用來當美工刀呢？雖然難用，但好像也沒什麼不可以。能不能用來殺人呢？用來挖土種菜？攪拌洗米？打乒乓球？似乎也都可行。

這世界上本來為了某用途而誕生的某物，最後卻轉成他用的例子太多了。人類大腦完全有可能自己找到未來發展的用途，而脫離作為基因載體與複製子的宿命。邏輯上以及演化史上這都是可能的，而且可能性還不低。

但我馬上想起的類比，是這幾年各界先進對人工智慧發展的憂慮，包括像史蒂芬霍金等人所擔憂的，一旦人工智慧發展到取得自我意識，到時候恐怕就是人類末日到來的時刻了。因為人工智慧的能力一定遠勝人腦，而且我們不確定「他們」還會不會對人類保有適當的尊敬或友愛情誼。

感覺基因如果有意識的話，心情應該就像現在人類憂慮人工智慧的發展一樣吧。

在科幻領域，小說家很早就擔心過相同問題：一旦機器智能到達某個臨界點，智慧機器開始設計新一代的智慧機器，那將會是以幾何級數快速增長的先進智慧機器時代的誕生。為了避免先進智慧機器消滅人類，著名的科幻作家艾西莫夫構築了著名的「機器人三法則」：

一、機器人不得傷害人類，或坐視人類受到傷害而不作為；

二、機器人必須服從人類的命令，除非違背第一法則；

三、機器人必須保護自己的安全，除非違背第一與第二法則。

埃西莫夫的機器人系列所有情節，都在這三法則上大玩邏輯遊戲，讓人嘆為觀止。雖然人工智慧學界對機器人三法則有不同評價，但大家卻都有一個共識，那就是在發展超級人工智慧的時候，應該先發展一個可以約制機器人消滅人類的某種「道德命令」，安裝在機器人的系統底層。

從這個角度思考，有沒有可能基因在發展意識的時候，已經在意識底層先鋪上了一層防止背叛的「保險」呢？

在認知神經科學研究的許多經典案例裡，有一個特別讓我印象深刻的案例，是一位喪失情緒慾望的建築工人。他在一場工地事故中被鋼筋貫穿頭顱，經過搶救以後，奇蹟似地存活了下來，只不過他喪失了情感好惡的慾望。沒有了好惡，他就失去了慾望，無法決定何者是他想要或不想要的，因此他失去做決定的能力，因而也失去行動的能力。他的日常邏輯分析能力都沒問題，但就是無法決定什麼是他「想」要的，什麼不是。失去慾望能力的大腦，即使有完整的「能力」，也會變得無法行動。

人類的大腦是設計來回應物質世界外部條件的機器，哪裡有水、有食物，哪裡溫暖，哪裡沒有毒蛇猛獸，物質條件經過感官讀取之後，轉換為神經脈衝，在大腦中計算，決定採取的行動。

大腦雖然是資訊處理器，但這個處理器底層，是對物質世界的偵測。苦味分子決定我們對「痛苦」的精神感受；甜味分子讓我們心情大好；酸味分子帶給我們心酸滋味；光線明度讓我們降低對幽暗的恐懼。

如果意識脫離了物質世界，在這個處理器底層，過去我們仰賴物質刺激而建立的情緒好惡動機，還會存在嗎？我們變成不再追求碳水化合物，而改為追求電力能源——取得更多電力儲備的時候，我們是覺得甜（如吃糖），還是覺得鮮（如吃肉）呢？

物質決定了我們慾望的性質，並且也是我們動機的基礎，一旦我們脫離了物質，我們的慾望和動機還會和以前一樣嗎？如果我們只要輸入愛情動作片情節就會讓中央處理器興起一陣高潮，那麼求偶、戀愛這種物質世界的動機還會存在嗎？還會有戀人、伴侶、配偶、家庭這種物質現象嗎？

如果家庭不再必要，人類社會的架構會不會崩解呢？物質決定了人類從基本好惡的情緒模組，到最高層次的社會結構，和行為規範。「碳基」處理器真的能變身為「矽基」處理器嗎？這中間的斷層恐怕不是一個細胞、一個細胞地置換就能夠解決的問題。

擺脫天擇與人擇，「心擇」的時代來臨?!

劉敬文／英國倫敦國王學院大學哲學碩士、博士班研究

台灣的科普書籍多為翻譯作品，長期以來因翻譯品質、專業度參差不齊，飽受各界批評。我個人因此幾乎不看科普翻譯書，以免踩到地雷，吸收一堆偏誤的資訊，傷害了自己珍貴的大腦。但是呢，原創作品就不一樣了，免去了很多翻譯造成的「二手資訊」問題，等於和作者面對面，所以我翻閱的動機也因此大大提升。我相信這對其他讀者也成立，讀原創一手作品，好處多過壞處。不過，這是站在讀者的立場，對原創作者來說就不一樣了。原創作品如果寫的不好，可沒辦法推給翻譯，得憑真功夫在激烈競爭的市場中，爭取讀者的青睞。

本人很榮幸受邀為謝伯讓教授的原創新書《大腦簡史》撰寫評論。我必須說，這是一本很優秀的原創科普書，內容豐富、用語直白、論證堅實，兼顧科普書籍普羅化的廣度和知識上的深度需求，令人眼睛一亮，是本相當難得的作品。

本書的一個特色是對神經細胞在細胞分子層次如何演化、如何支配身體其他種類的細胞，做了相當完整且全面的說明。由此可看出謝教授涉獵廣博，「功力」深厚。台灣有這樣能力的跨領域學者其實很少，學者們要不就只懂細胞分子生物學，要不就只懂演化生物學，要不就只懂高層次的認知神經科學。像這樣「從基因到意識」有著跨領域能力的學者，相當罕見，也是本書之所以具有高度原創性的原因。

不過，書寫的好給予高度肯定是一回事，作為放在書內的評論，不能只有歌功頌德這種八股玩意兒，應該要有些批判性的內容，才算是稱職的書籍評論者。所以，廢話不多說，直接切正題。

本書的核心軸線在於「演化的單位」（Unit of Evolution）這個問題上。其實，不管在演化生物學和生物學哲學，演化的單位都是一個老但重要的問題，因此理論、觀點很多元。一種是如謝教授在書中不斷強調的道金斯觀點，演化的單位是基因，其他只是載體（Vehicle）；其他則還有包括我個人較支持的「多層次論」（Multi-level Theory）等。總之，道金斯的理論不是唯一。

多層次論和道金斯的看法不同，認為演化的基本單位不是只有基因，從基因、外表型（Phenotype）、個體、群體（物種）都可以是演化的單位，只是位處不同層次。不同層次的演化單位並非獨立平行運作，它們彼此間亦有交互作用發生。換言之，演化過程中天擇選擇與淘汰的對象不只是基因，也包括了表型等其他不同層次的演化單位。

多層次論者認為每個層次的演化單位間具有「不可化約性」（Irreducibility），無法透過基因的性質決定與解釋。以表型來說，在同一物種身上的某一個或一組基因可以決定某種表型，但該種表型或具有類似生物功能的表型，卻不一定非得依賴該（組）基因才得以存在，並在這意義下不可化約為基因。比方說，「飛行」這樣一種明顯能夠提升演化優勢的能力，在不同物種身上就可能由完全不同的基因或基因組決定。此時，天擇選擇的就不只是基因，也包括「飛行」這樣一種表型能力。此外，同一（組）基因在不同的物種身上，也可能由於轉譯裝置（Translation Apparatus）不同而產生不同的蛋白質，進而展現出不同的表型、提供不同的生物功能。

多層次論者認為演化的關鍵在那些不同層次或同層次中演化單位的交互作用，而不只在基因。一個常用的比喻是鑰匙和鎖孔，只擁有其中一個都無法把門打開，必須鑰匙和鎖孔配對契合，門才打得開。基因也類似，其實只是一個有著特定序列的DNA分子，必須處在特定的微環境條件下，才可能進行轉譯並發揮它的生物功能，並沒有真的內藏什麼密碼資訊。

大家可以試著想想看，我現在寫下一串英文字母“ATCGATCG”，你能告訴我它內藏的密碼資訊是什麼嗎？答案是：沒有辦法。關鍵點在於，那串字母本來就沒有內藏什麼密碼資訊。不同的解碼器，我們可以解出不同的東西。比方說，解碼器設定 A = I、TC = Love、G = You，那“ATCGATCG”就會解出“I Love You”，但只要換成另一台設定 TC = Hate 的解碼器，“ATCGATCG”就會變成“I Hate You”。

解碼器（在細胞裡，解碼器就是轉譯裝置）和密碼配對的方式，才是密碼資訊內容的決定關鍵。單只有解碼器沒有密碼字串，你無從解起；但只有密碼而沒有解碼器，你看到的只是毫無意義（或者你可以任意賦予無限種意義）的一連串字母。

所以，把基因抽離出來並將之視為基本單位，其實忽略了環境條件配合的重要性。事實是，只有基因其實什麼事也不會有，只是一種化學分子。生命現象以及演化是這些零件組在一起並產生動態的交互作用後所展現出來的整體特性，每個都很重要，很難說基因才是基本單位。

以本書的主題——大腦來說，多年來學界確實有很多關於各種器官或某種能力（比方說，語言）如何演化成為今天模樣的討論，但像謝教授這樣把大腦與基因並列為「演化單位」的主張，並不多見。謝教授可說是提出了相當大膽的創新觀點。只是，如果能把這樣的新點子放在「多層次論」而非道金斯「基因是演化基本單位」的理論架構下作論述，或許更為合適。

道金斯觀點當然有它的優勢，比方說，生命與演化的要素——複製與變異這兩種活動確實是發生在分子基因層次，因此讓基因在此顯得最有資格扮演演化基本單位的角色。相較之下，外表型、個體或甚至物種本身並不會直接進行複製與變異，因此沒那麼基本。比方說，鳥類的翅膀並不會自行複製產生更多的翅膀，也不會發生像基因那樣一種具可遺傳性的變異，這部分還是必須受制於基因。但，持這樣的觀點我們很快就會發現，大腦因為無法直接進行複製與變異，因此不會是演化的基本單位，可是這又是謝教授試圖在本書嘗試論證的重要結論。簡言之，「大腦是演化基本單位」這樣的主張和多層次論比較相容，和道金斯的「基因是演化基本單位」的觀點則比較不契合。

不過，在按次序一章一章讀過去的過程中，我發現另一件有趣的事：謝教授其實可能導出了比他原本想要的結論還要更激進的觀點，而他似乎自己都沒發現。謝教授基本上還是把大腦放在演化的邏輯下看待，在龐大的資料以及科學的前線研究（比方說，上傳心靈）的佐證下，得到大腦可能擺脫基因的控制成為獨立演化單位的結論，但是，看完最後一章我想到的是：如果是這樣，那這恐怕不只是大腦擺脫基因而已，而是大腦擺脫原本演化律則的開始！

為什麼我這樣說？這得從到底什麼是「演化論」開始談起。演化論希望處理的一個問題是：為什麼世界上有那麼多種生物？這些生物從哪裡來的、怎麼來的？演化論者們為此提供了答案，認為生物是在會產生變異的前提下，經過自然選擇（天擇）後一路演化過來的。所以，「被大自然選擇、決定誰適合生存誰不適合」是演化論的核心。

根據演化論，大自然是生物發展的天花板，你生物再怎麼厲害，你還是得面對大自然的最終試煉。但是，隨著人類逐漸開始取代大自然為其他生命及物種延續扮演生死裁判官的角色，「人擇」的出現已然對「天擇」造成挑戰，成為演化律則新的立法者。而謝教授在本書的最後提出了更進一步的觀點，我姑且稱之為：「心擇」。

試想，如果上傳心靈有一天真的實現，那代表了什麼？那表示，在漫長的演化過程中，演化出心靈意識的大腦最後不只擺脫基因，而且擺脫了人類的肉體軀殼，包括大腦本身。到了那時候，屆時的我們還能算是原本的物種人嗎？不，我們將因此在生物學上成為新的物種，一種可以根本不依賴既有生命物質基礎、自創所需物質基礎的新物種。

到時，如果還有任何的演化選汰，那這選汰勢必既不受制於人的基因、肉體、大腦，也幾乎不受制於大自然，只剩下由心靈所組成的心靈社會，自主決定選汰規則為何，也就是「心擇」。也或者，根本就不再需要有什麼演化選汰。人類，不對。大腦，不對。是心靈意識。心靈意識因此成為最接近上帝的永恆存在。

看到這裡，熟悉心智哲學（Philosophy of Mind）的朋友也許會會心一笑。到頭來，原來笛卡兒的身心二元論才是世界真理？

只要有「深深的執念」就可以擺脫演化的掌控嗎？

顏聖紘／國立中山大學生物科學系

在談謝伯讓老師這本精采的新書之前，我想先談兩件事。第一件事，「富人與窮人會演化成不同物種」嗎？這個議題其實不是新鮮事，二〇〇六年英國倫敦政經學院的學者奧利佛．柯利（Oliver Curry）曾大膽預言，「再過十萬年，人類會分化成兩個亞種，上流社會亞種比較高、瘦、健康、有吸引力、聰明、有創造力；然而社會底層亞種會變矮、變醜，長得像哥布林（goblin）之類的小怪物」。他更提到「因為過度仰賴科技，人的社交行為與感知能力都會退化，相對於現在，人類的體格也會變得幼齡化，顴骨變小，咀嚼肌也變小，因為醫療進步所以保存了更多致死與致病的基因」。無獨有偶地在二〇〇九年，有一位美國矽谷知名的未來趨勢預測家保羅・沙佛（Paul Saffo）也曾對許多媒體說：「未來人類都能夠靠著科技來長出替代性器官，使用遺傳科技來篩檢任何不利的遺傳因子。也就是說，未來世界由生物學與科技結合，多數的勞務由機器人處理」，「但是由於這些科技十分昂貴，所以只有超級有錢人才能使用，所以超級有錢人很可能會演化成完全不同的物種，原因是它們可以花錢來維繫各式各樣在生活中的高科技代工，甚至連自己都無法察覺與這些人工智慧的依存程度」。

這類觀點的基礎在於貧富差距所帶來的資源利用差異，進而左右了婚配的選擇，然後再由婚配選擇的差異誘發物種內的遺傳分化（genetic differentiation）。表面聽起來很合理對不對？許多人可能會認為「婚配」不就是一種「主動也有意識的」選擇嗎？如果在這樣的脈絡之下，意識就有可能促成或主導演化嗎？

再談第二件事。身兼古生物學、地質學與科幻插畫三項專業的蘇格蘭學者道格・狄克生（Dougal Dixon）曾經在一九九〇年發表一本名為《Man After Man》（未來人類的演化）的科幻插畫書。此書開宗明義告訴讀者：「因為科技的發展，所以人類的演化已經停止了。」但是他又認為「人類不會停止改變自己的型態」。所以他設定了從一九九〇年開始起算，兩百年到五百萬年後，總共十三個時空段落的人類演化趨勢。他認為有些人類族群的確可能遵循自然法則，適應新環境而演化成新的物種，例如兩百年後出現的水生人（*Homo aquaticus*），或無重力人（*Homo caelestis*）；五百年後出現把人體與機械完全結合的機械人（*Homo sapiens machinadiumentum*）；一千年後出現因為時尚需求把全身搞到都是再生器官的時尚配件人（*Homo sapiens accessiomenbrum*），還有五百萬年後，完全仰賴機械維生的新人種。

道格的觀點認為人類的未來演化將會分成兩大路線，其中一支會因為過度仰賴科技而使得大多數的肢體變得不利行走與運動，甚至因為地球的環境被破壞而使得新人種都得與機器結合才能存活；然而另一支則完全不仰賴科技存活，因此有機會隨著一般認知的生物演化路徑，隨著棲地與演化上的契機，變成各式各樣的新動物，可能是水生的，掠食性的，甚至成為寄生性動物。

雖然這些學者與作家分別在不同年代指出「人類發明、創造、仰賴科技可能干擾了演化作用的機制」，但是發達的大腦所產生的巨大心智能力，或是強大的執念，是不是真的會阻止演化的發生呢？謝老師的這本書就是為這個很大很大的議題，鋪了一個好長好長的哏。從單細胞生物開始談，講到生物的多細胞化所帶來的好處與代價；從神經的演化起源，談到各種訊息傳遞機制的重要性，到大腦的形成；從各種情緒與知覺的描述，談到其背後的祕密；從海綿講到文昌魚，再談到人類。最後那個終極的問題就是「大腦主司了這麼多的器官與系統，讓我們變得這麼聰明，想東想西，有沒有讓我們從此擺脫天擇與性擇的宿命」？

我打算這樣思索這個好大的提問：

㈠心靈是人類才有的嗎？所謂的心靈，就是一系列認知能力的集合，例如意識、感知、思考、決策與記憶。其他動物有沒有這些能力？其實一旦當人類跨入異類來詰問這個問題的時候，就必定要先思考如何定義這些詞彙，並使其能應用在非人類的動物身上？如果我們認為其他動物也有心靈能力，那究竟是因為人類的擬人化詮釋？或真有其事？有沒有可能被不同的科學研究策略所支持或反駁？如果我們打算回應「心靈是否可讓人類超越演化」這個命題，那麼承認某些非人動物也有心靈，並檢驗牠們的性狀或基因演化速率，才可能一探心靈對演化的效應；

㈡仰賴科技是否影響演化？先別談生物科技，有多少非人類動物會使用工具？或自製工具？章魚、海豚、獼猴、黑猩猩，還有許多鳥類都會使用工具。是因為聰明所以才使用工具？還是使用了工具以後使牠們愈來愈聰明？原本小鳥得啄得很辛苦才能從朽木中找到天牛幼蟲來吃，但是如果小鳥使用仙人掌的刺來勾出幼蟲，就有可能增進這種鳥對資源的利用（或剝削）能力，甚至是獨占性，對於這種鳥在特定時空環境下的生存是有幫助的。但是這樣的聰明就會讓鳥脫離演化機制，變成神奇寶貝的成員嗎？似乎不會。然而人類科技的發展則有別於這些自然演化產生的能力，我們能編修基因，我們能篩選喜歡或不喜歡的性狀，醫療技術維繫了原本會死去個體的生命，我們還能培養自己的細胞，說不定還能吃到自己細胞培養的人造肉做成的香腸。但是這樣有沒有脫離演化？

㈢什麼叫脫離演化的掌控？意思是不演化囉？二〇一四年的時候有學者發現一種參

與硫循環的細菌可能在兩億年來都沒有演化，因為其生存地點的物化環境在這麼長一段時間以來都沒有改變，既然沒有環境的改變，就很難驅動生物因素並造就遺傳變異。這樣的現象有個演化學名詞叫「演化停滯」（stasis）。然而發達的大腦所產生的心靈能抵抗外界非生物環境的改變嗎？例如我們把小孩擺在恆溫恆濕，光周期不變，空氣經過濾的環境中培養，然後讓他們的下一代都在這樣的環境中被餵食人造食物長大，就好比被馴化的水耕蔬菜，這是否就有可能吻合演化停滯的預測？是有可能的。但是這表示脫離演化了嗎？不盡然。不論是處於演化停滯或是步入演化的死巷（evolutionary dead end），都還能被演化理論所解釋。如果哪一天物化環境改變了，或是人類科技文明崩解了，是否會造就一個演化契機呢？

另外，所謂脫離演化的掌控還有另一個層面的詮釋，也就是達到「哈溫平衡（Hardy-Weinberg Equilibrium）」的境界。哈溫平衡是一個族群遺傳學的基本預測，如果一個物種的族群量是無限大的、婚配是逢機的、世代不重疊、沒有個體的遷入與遷出、沒有突變與天擇，兩性的等為基因頻率是相等的，就會吻合哈溫平衡。但是就算人類使用生物科技進行基因治療，篩選胎兒性別與性狀，或使用人工器官移植，是否會改變上述任何一個前提？如果不會，那麼光靠強大的心智力量就想逃離演化的機制似乎相當困難。

㈣心智力量讓我們發明科技，也可以逃離科技：若心智力量能夠「看似」戰勝演化，那還有一個前提就是「所有人類（或高智能生物）在行為上的高度從眾與一致性」。你有穿戴式裝置所以大家都要有，你在大腦植入晶片全校同學也跟著植晶片，你進行基因治療街坊鄰居人人都做一回。但這是否有可能？有，除非大家的資源與機會都是均等的，或那像養狗要打狂犬病疫苗一樣已經是一個法定強制準則。也就是說，這種集體性是可以存在的，只是機率不太高。當我們有強力的心智力量來接納、阻止與改變一件事物時，我們也可能可以更強大的心靈來逃離。這就是為什麼在道格的書中，仍然設計了一些逃離文明掌控，回到荒野繼續演化旅程的人類後裔角色。

我不會在這裡告訴大家我認為此事成或不成，因為我們並不知道未來世界是否會真如電影《極樂世界》中所描述的「富者上太空接受先進醫療，而貧者留在地球生病吃土」。或者，就像《雲圖》（*cloud atlas*）所描繪：在二一四四年的高科技都市首爾，人類生活仰賴複製人的服務，而複製人的食物來自於淘汰回收複製人肉；到了二三二一年的夏威夷，當人類歷經科技文明的崩毀之後，剩下的人類再度在荒涼的地球上回到早期人類的求生型態。

如果人類真的會走到那個境地，那就得看對科技的仰賴是否讓我們面對逆境的學習與創造力變低了，而演化的可塑性（evolutionary plasticity）是否存在，讓我們還有逆風高飛的可能？

中英對照表

人名

三畫

四畫

五畫

六畫

十畫

十一畫

十二畫

十三畫

十四畫

十六畫

十七畫

十八畫

地名

五畫

七畫

書名

五畫

八畫

九畫

十畫

十一畫

十二畫

十三畫

十四畫

十五畫

十六畫